Mantenimiento básico de limpieza en instalaciones

avanza editorial

Editado por:
EDITORIAL FAE, S.L.U.
Correo electrónico: editorial@editorialfae.com

Mantenimiento básico de limpieza en instalaciones
Elsa Rubio Dulce

1ª Edición

Se ha puesto el máximo empeño en ofrecer a la persona lectora una información completa y precisa. Sin embargo, Editorial FAE, S.L.U., no asume ninguna responsabilidad derivada de su uso ni tampoco de cualquier violación de patentes ni otros derechos de terceras partes que pudieran ocurrir. Esta publicación tiene por objeto proporcionar unos conocimientos precisos y acreditados sobre el tema tratado. Su venta no supone para el editor ninguna forma de asistencia legal, administrativa o de ningún otro tipo.

ISBN: 978-84-1135-388-5

Impreso en España

Índice

U. A. 1. Mantenimiento básico en instalaciones de todo tipo

U. A. 2. Medidas básicas relacionadas de prevención de riesgos laborales y de protección medioambiental

U. A. 3. Normativa aplicable para utilizar estos productos

Aplicaciones prácticas

Ejercicio de evaluación final

Solucionario

Bibliografía

U. A. 1. Mantenimiento básico en instalaciones de todo tipo

Introducción

El mantenimiento básico en instalaciones constituye un conjunto de actividades fundamentales orientadas a conservar en condiciones óptimas los espacios, equipos y sistemas de uso habitual, tanto en entornos industriales como en edificios de servicios, instalaciones públicas o privadas. Estas tareas permiten prevenir averías, alargar la vida útil de los equipos, garantizar la seguridad de los usuarios y facilitar la higiene y funcionalidad de las infraestructuras.

En el contexto del mantenimiento básico, se incluyen operaciones sencillas como la limpieza y desinfección de superficies, el control de plagas, el uso correcto de productos químicos, así como la manipulación adecuada de maquinaria ligera y equipos específicos. Todo ello debe llevarse a cabo con un conocimiento claro de las normativas aplicables, los protocolos de seguridad laboral y el respeto por el medio ambiente.

Este tipo de mantenimiento requiere el uso de distintos equipos, productos y útiles de trabajo, así como la comprensión de los sistemas de protección personal y de las medidas preventivas necesarias frente a riesgos laborales y ambientales. Además, cobra especial relevancia la desinfección y desinsectación, dado que son actividades importantes para garantizar la salubridad de las instalaciones.

La presente unidad sienta las bases para comprender y aplicar procedimientos correctos de mantenimiento básico, favoreciendo una intervención responsable, segura y eficiente en todo tipo de instalaciones.

Objetivos

- Identificar los elementos de protección personal y de las instalaciones necesarios para desarrollar tareas de mantenimiento básico de forma segura.
- Reconocer y clasificar los distintos equipos y materiales de limpieza, desinfección y mantenimiento, comprendiendo su funcionamiento, regulación y cuidados básicos.
- Describir los principales métodos de desinfección, desinsectación y desratización, diferenciando sus aplicaciones prácticas.
- Aprender a aplicar técnicas adecuadas de limpieza, higienización y control de plagas, utilizando los productos y herramientas de forma eficaz y segura.
- Interpretar los riesgos potenciales asociados a las tareas de mantenimiento en instalaciones y aplicar las medidas preventivas correspondientes.
- Relacionar el uso de productos y maquinaria de mantenimiento con los principios de protección medioambiental.
- Aprender a operar correctamente equipos y maquinaria ligera utilizados en las tareas de mantenimiento, asegurando su uso eficiente y seguro.

1. Elementos de protección de las instalaciones y personales

El mantenimiento básico de una instalación no se limita a tareas de limpieza o reparaciones menores, sino que incluye también la preservación física del entorno y de los elementos que lo componen. Para ello, existen dispositivos y estructuras específicamente diseñadas para proteger paredes, suelos, esquinas, mobiliario o maquinaria fija del deterioro causado por el tránsito de personas, el movimiento de carros o el uso de equipos mecánicos.

Estos elementos de protección cumplen un doble objetivo: minimizar los riesgos de accidentes y evitar daños costosos que puedan afectar la funcionalidad y durabilidad de las instalaciones.

A continuación, se presentan los principales tipos de elementos de protección de instalaciones, agrupados según su función.

Las barreras físicas y la señalización preventiva constituyen la primera línea de defensa para la protección tanto de infraestructuras como de personas.

Fig. 1. Las barreras físicas y la señalización sirven para delimitar zonas peligrosas, evitar colisiones y alertar visualmente sobre zonas sensibles o de riesgo

Las principales barreras y señales utilizadas en el mantenimiento básico de instalaciones son:

Tipo de elemento	Función principal	Ejemplos comunes
Barandillas	Impedir caídas en zonas elevadas o escaleras	Pasamanos, protecciones de plataformas
Bollas o bolardos	Proteger estructuras del impacto de vehículos o carros	Entradas a zonas de carga, esquinas de almacenes
Topes de rueda o de protección	Limitar el movimiento de vehículos, carros o maquinaria móvil	Garajes, pasillos industriales
Cintas y conos de señalización	Delimitar zonas temporalmente inaccesibles	Zonas en limpieza, áreas de mantenimiento en curso
Señalización visual	Advertir sobre peligros o indicar normas	Señales de "Piso mojado", "No pasar", "Zona de productos químicos"

Anotación

La señalización debe cumplir con los estándares establecidos por la normativa vigente, utilizando pictogramas reconocibles y colores según el código internacional (rojo: peligro/prohibido; amarillo: advertencia; azul: obligación; verde: salvamento o información).

En zonas de alto tránsito o expuestas a impactos, es frecuente la instalación de materiales de refuerzo y protección superficial que actúan como amortiguadores de golpes o rozaduras. Su finalidad es preservar la integridad de las superficies ante el desgaste diario o posibles accidentes.

Las principales soluciones son:

Revestimientos protectores de pared:

- Fabricados en PVC, goma o acero inoxidable, protegen muros contra el roce de carros de limpieza, maquinaria o mobiliario móvil.
- Son muy comunes en hospitales, cocinas industriales, centros logísticos y pasillos de uso intensivo.

Cantoneras y esquineras:

- Elementos angulares de refuerzo que se colocan en bordes de columnas, esquinas de paredes o mobiliario expuesto.
- Previenen el deterioro por impactos directos y ayudan a mantener la estética y funcionalidad de las instalaciones.

Protecciones de suelo y zócalos:

- Incluyen desde alfombrillas antideslizantes hasta protecciones de acero en zonas de paso o carga.
- Evitan resbalones, amortiguan impactos y facilitan la limpieza en áreas especialmente sucias o húmedas.

Fig. 2. Las protecciones de caucho son otro tipo de protección para el suelo

 **Ejemplo**

En una planta de elaboración de productos alimentarios, el área de carga de materiales está protegida con bollas metálicas para evitar daños en las cámaras frigoríficas. Las paredes de los pasillos están recubiertas con paneles de PVC reforzado para soportar los roces de los carros. En las esquinas se han instalado cantoneras de goma para absorber impactos, y las zonas húmedas del suelo disponen de alfombrillas antideslizantes para evitar caídas.

Las protecciones estructurales específicas se tratan de elementos de protección más robustos o especializados, instalados en entornos industriales o técnicos donde existe un riesgo elevado de impacto o deterioro funcional.

Incluyen:

- **Defensas metálicas o de polietileno de alta densidad** en zonas de paso de carretillas o maquinaria pesada.
- **Paneles protectores** contra productos corrosivos o contaminantes en zonas técnicas.

Fig. 3. Las cubiertas y protecciones de cableado que evitan daños eléctricos y tropiezos también son protecciones estructurales

Estas protecciones minimizan los costes de reparación y aumentan la seguridad operativa del personal, facilitando las tareas de limpieza y mantenimiento.

 Anotación

En edificios públicos y centros educativos, el uso de protecciones estructurales también responde a criterios de accesibilidad y prevención de riesgos, favoreciendo la inclusión de personas con movilidad reducida y reduciendo la posibilidad de accidentes en zonas comunes

Los sistemas de cierre y control de accesos permiten regular quién entra y sale de una zona concreta, restringiendo el uso de áreas sensibles a personal autorizado y contribuyendo así a la protección de materiales, equipos y estructuras.

Los sistemas más comunes son los siguientes:

- **Cierres mecánicos convencionales:**
    - Cerraduras, candados, portones manuales.
    - Adecuados para almacenes, cuartos de mantenimiento o vestuarios.
    - Requieren llave física y control de duplicados.

- **Sistemas electrónicos y automatizados:**
    - Tarjetas de proximidad, códigos numéricos, sistemas biométricos.
    - Mayor seguridad y trazabilidad.
    - Utilizados en instalaciones con varios niveles de acceso o zonas de riesgo.

- **Barreras físicas automatizadas:**
    - Torniquetes, puertas automáticas, barreras retráctiles.
    - Controlan el flujo de personas y evitan entradas no deseadas.

Fig. 4. Una barrera retráctil o extensible se utiliza para delimitar zonas de acceso restringido, controlar el paso peatonal y señalizar peligros temporales

Anotación

En el entorno del mantenimiento básico, el acceso controlado a zonas donde se almacenan productos químicos o maquinaria pesada es esencial para prevenir accidentes y manipulaciones indebidas.

Algunas funciones complementarias de los sistemas de cierre son:

- Evitar la entrada de personal no autorizado durante tareas de mantenimiento.
- Asegurar la confidencialidad o seguridad en espacios técnicos.
- Prevenir el robo o deterioro de equipamientos y materiales costosos.
- Restringir el acceso a zonas con riesgo biológico o químico.

Las instalaciones están constantemente expuestas a condiciones ambientales que pueden provocar deterioro físico, fallos en el funcionamiento de equipos o la aparición de riesgos para la salud. Para evitarlo, se incorporan diversos sistemas de protección pasiva que actúan como barrera frente a estos factores.

Los tipos de agentes externos y sus sistemas de protección son:

Agente externo	Riesgos asociados	Sistemas de protección
Humedad	Oxidación, moho, averías eléctricas	Deshumidificadores, sellado de juntas, pinturas impermeables, cubiertas plásticas
Polvo	Obstrucción de filtros, suciedad, contaminación cruzada	Cubiertas de equipos, filtros HEPA, paneles antipolvo, suelos sellados
Impactos	Rotura de materiales, deformaciones, accidentes	Paneles acolchados, defensas de caucho, protectores de columna o maquinaria

Ejemplo

En un centro logístico, los equipos eléctricos están cubiertos con cajas estancas con cierre hermético para evitar la entrada de humedad y polvo. En los pasillos de carga se han instalado barreras de goma para proteger las estanterías de posibles impactos por parte de las carretillas elevadoras.

Algunos de los materiales utilizados en sistemas de protección ambiental son:

- **Plásticos técnicos** (PVC, polietileno, policarbonato).
- **Gomas industriales** (EPDM, neopreno).
- **Pinturas y recubrimientos epóxicos.**

Fig. 5. El acero inoxidable es un gran protector en zonas húmedas o con riesgo de corrosión

Anotación

La elección del tipo de protección debe tener en cuenta la naturaleza del agente externo y también la frecuencia de exposición, el tipo de actividad de la instalación y la facilidad de limpieza del sistema protector.

Los Equipos de Protección Individual (EPI) son todos aquellos dispositivos o medios que una persona utiliza con el objetivo de protegerse de uno o varios riesgos que puedan amenazar su seguridad o salud durante el desempeño de sus tareas.

legislación

Según el Reglamento (UE) 2016/425 del Parlamento Europeo y del Consejo, un EPI es cualquier equipo destinado a ser llevado o sujetado por el trabajador para que le proteja de uno o varios riesgos que puedan amenazar su seguridad o su salud en el trabajo.

Los EPI se clasifican en **tres categorías**, en función del nivel de riesgo frente al que protegen:

Categoría	Nivel de riesgo	Ejemplos
I	Riesgos mínimos	Guantes para tareas ligeras, gafas de protección contra polvo
II	Riesgos intermedios	Guantes resistentes a productos químicos, calzado de seguridad
III	Riesgos graves o irreversibles	Equipos frente a sustancias tóxicas, ropa contra productos corrosivos

Anotación

Todos los EPI deben llevar el marcado CE, que garantiza que cumplen con los requisitos esenciales de seguridad establecidos en la normativa europea.

A continuación, se describen los EPI más comunes en las tareas de mantenimiento básico de instalaciones.

La selección dependerá del entorno y los riesgos presentes en la actividad concreta:

- **Guantes de protección:** Tipos: guantes de látex, nitrilo, vinilo, caucho o tejidos reforzados.

Fig. 6. Los guantes de protección sirven frente a productos químicos, abrasión, cortes o contaminantes biológicos

- **Mascarillas y protección respiratoria:**
  - o Mascarillas quirúrgicas, FFP1/2/3, respiradores con filtros.
  - o Uso: evitar inhalación de polvos, vapores químicos o agentes infecciosos.

- **Gafas de seguridad y pantallas faciales:**
  - o Gafas cerradas, antipolvo, contra salpicaduras o impactos.
  - o Uso: manipulación de productos líquidos, uso de máquinas, limpieza a presión.

- **Calzado de seguridad:**
  - o Botas antideslizantes, con puntera reforzada o resistencia química.
  - o Uso: zonas húmedas, manipulación de cargas, suelos resbaladizos.

- **Ropa de protección:**
  - o Batas, monos impermeables, delantales de PVC.
  - o Uso: protección frente a sustancias químicas, suciedad, humedad o riesgo biológico.

Fig. 7. Un elemento de protección son las botas impermeables, diseñadas para resistir el agua y trabajar en superficies húmedas

 **Ejemplo**

En la limpieza de un sistema de ventilación en un edificio, el operario utiliza guantes de nitrilo, mascarilla FFP2, gafas de protección cerradas y un mono desechable para evitar el contacto con partículas suspendidas y agentes contaminantes acumulados en los conductos.

La selección del equipo de protección adecuado no debe basarse únicamente en la disponibilidad del material, sino en un análisis previo del tipo de tarea y de los posibles riesgos.

Se deben considerar los siguientes factores:

- **Naturaleza del trabajo**: tareas en altura, con productos químicos, en espacios cerrados, etc.
- **Duración y frecuencia**: uso puntual o prolongado, tareas repetitivas o esporádicas.
- **Condiciones del entorno**: temperatura, humedad, ventilación, iluminación.
- **Compatibilidad entre EPIs**: en caso de usar varios a la vez, deben ser compatibles entre sí (por ejemplo, gafas y mascarilla).

- **Comodidad y ergonomía**: un EPI incómodo puede generar fatiga y disminuir su eficacia.

El uso de EPI no sustituye otras medidas de prevención o protección colectiva, sino que actúa como última barrera cuando los riesgos no pueden eliminarse completamente por otros medios.

En una residencia geriátrica urbana, el equipo de mantenimiento detectó varios problemas recurrentes: esquinas dañadas, suelos resbaladizos en zonas húmedas y paredes desgastadas por el tránsito constante de carros de lavandería, comida y limpieza. Además, se habían producido dos incidentes menores en los que usuarios con movilidad reducida tropezaron al girar por los pasillos.

Tras realizar una evaluación, se aplicaron distintas medidas para proteger tanto la instalación como a sus ocupantes:

1. Instalación de cantoneras de goma en las esquinas de pasillos y muros de acceso frecuente, reduciendo el impacto de los carros y sillas de ruedas.
2. Paneles de PVC reforzado en los laterales de los corredores más transitados, especialmente cerca de las cocinas y lavanderías, donde los golpes eran habituales.
3. Alfombrillas antideslizantes en las entradas a zonas húmedas como los baños asistidos, que se fijaron al suelo para evitar desplazamientos.
4. Incorporación de señalización visual clara, con colores contrastados y pictogramas reconocibles, indicando suelos mojados, zonas de tránsito y espacios restringidos.
5. En los accesos a zonas técnicas, se instalaron barreras retráctiles y cierres mecánicos con candado para restringir el paso al personal autorizado.
1. Estas actuaciones ayudaron a reducir los daños estructurales y minimizar el riesgo de accidentes, y también favorecieron una mayor autonomía y seguridad en los desplazamientos diarios de los residentes.

2. Equipos y material de limpieza y desinfección: componentes, regulación y mantenimiento

Los trabajos de limpieza y desinfección requieren el uso de diferentes herramientas y dispositivos, adaptados al tipo de superficie, grado de suciedad y entorno de intervención.

Estos pueden agruparse en dos grandes categorías:

- **Útiles manuales**, que no requieren electricidad ni motor para su funcionamiento.
- **Equipos eléctricos o mecánicos**, que cuentan con componentes automatizados para facilitar el trabajo o aumentar su eficacia.

A continuación, se presentan ambas categorías con sus elementos más representativos:

A. Útiles manuales

Los útiles manuales son imprescindibles en cualquier entorno de limpieza y se caracterizan por su **versatilidad, bajo coste y facilidad de uso**.

Fig. 8. Los útiles manuales están especialmente indicados para tareas de mantenimiento diario, en zonas pequeñas o de acceso complicado, o como complemento a equipos mecanizados

Los principales tipos son:

Útil	Descripción y uso
Bayetas y paños	Tejidos de microfibra, algodón o tejidos técnicos. Se emplean para limpieza de superficies lisas: mesas, encimeras, griferías, etc.
Mopas	De barrido o fregado (secas o húmedas). Indicadas para grandes superficies de suelo. Las hay planas, circulares o de tiras.
Cepillos	De mano o con mango largo. Se usan para frotar y eliminar suciedad incrustada en suelos, juntas, esquinas o sanitarios.
Escobas y recogedores	Básicos para el barrido previo. Existen modelos industriales de gran tamaño o cerdas reforzadas.
Carros de limpieza	Facilitan el transporte organizado de útiles, cubos, productos y residuos. Pueden incorporar compartimentos, soportes y ruedas antivuelco.

Anotación

Es fundamental asignar un código de colores a los útiles según el área de aplicación (por ejemplo: rojo para sanitarios, azul para zonas comunes), con el fin de evitar la contaminación cruzada entre espacios.

B. Equipos eléctricos

Los equipos eléctricos o motorizados permiten **automatizar tareas**, aumentar la productividad y mejorar los resultados, especialmente en áreas grandes, suelos de uso intensivo o limpiezas técnicas.

En este caso, los tipos principales son:

Equipo	Aplicación y características
Aspiradoras	Eliminan polvo, partículas sólidas y residuos ligeros. Pueden ser de uso seco, húmedo o mixto (agua-polvo). Las industriales incorporan filtros HEPA y mayor capacidad.
Fregadoras automáticas	Limpian y secan suelos mediante un sistema de cepillos rotatorios y aspiración de agua sucia.
Vaporetas o generadores de vapor	Limpian sin productos químicos mediante vapor a presión. Ideales para zonas sensibles como cocinas, sanitarios o superficies verticales. Eliminan bacterias y grasa adherida.

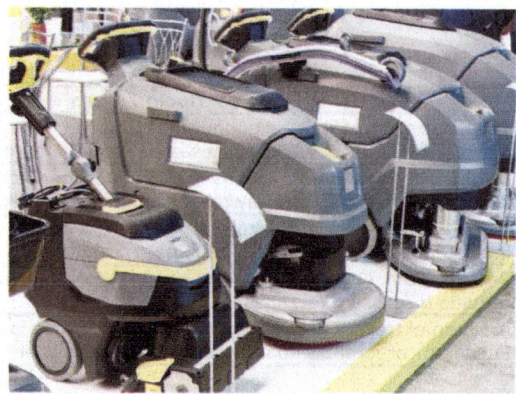

Fig. 9. Las fregadoras automáticas requieren supervisión, pero permiten abarcar grandes superficies rápidamente

En un centro deportivo, el operario de mantenimiento realiza la limpieza de vestuarios y duchas utilizando una vaporeta portátil para higienizar sin dejar residuos químicos. Para las zonas de paso usa una fregadora automática, y para zonas más delicadas como los lavabos y taquillas, emplea bayetas de microfibra con desinfectante manualmente.

La elección entre un útil manual o un equipo eléctrico dependerá de factores como el tipo de superficie, tamaño del área, frecuencia de limpieza y presupuesto disponible.

Fig. 10. En instalaciones con mucho tránsito o exigencias sanitarias altas, los equipos eléctricos son especialmente recomendables como complemento a los manuales

El conocimiento de los componentes de los equipos eléctricos de limpieza resulta esencial para:

- Utilizarlos de forma eficiente y segura.
- Detectar posibles fallos o averías.
- Realizar tareas de mantenimiento preventivo.
- Sustituir piezas y accesorios desgastados.

Aunque cada modelo y marca puede presentar particularidades, la estructura básica de estos equipos sigue un patrón común.

A continuación, se detallan las partes esenciales más frecuentes:

Componente	Función principal	Equipos que lo incorporan
Depósitos	Contienen agua limpia, productos químicos o recogen agua sucia. Suelen estar diferenciados en equipos de fregado y vapor.	Fregadoras, vaporetas, aspiradoras de líquidos
Filtros	Retienen partículas sólidas y protegen el motor. En algunos casos incluyen filtros HEPA para capturar alérgenos y microorganismos.	Aspiradoras, fregadoras, algunos carros con filtrado
Motores eléctricos	Generan la succión (aspiradoras) o impulsan el movimiento del equipo y los cepillos. En vaporetas, calientan el agua.	Todos los equipos eléctricos
Cepillos o discos rotatorios	Se utilizan para frotar el suelo y eliminar la suciedad adherida. Pueden tener distintas durezas.	Fregadoras, rotativas
Boquillas y toberas	Canalizan la salida del vapor o el líquido de limpieza, y permiten enfocar la aplicación. Algunas son intercambiables.	Vaporetas, aspiradoras, fregadoras
Mangos, empuñaduras o paneles de control	Permiten al operario dirigir el equipo, ajustar los parámetros de funcionamiento y controlar la dosificación.	Todos los equipos con uso manual o guiado

 Anotación

La limpieza de los filtros, el vaciado de depósitos y la revisión de boquillas deben realizarse con regularidad para evitar fallos en el equipo, reducir el consumo de energía y garantizar una limpieza eficaz.

La mayoría de los equipos de limpieza eléctrica utilizan accesorios reemplazables, bien por desgaste, bien para adaptar el equipo a distintas tareas. Es fundamental almacenar correctamente los recambios y conocer su periodicidad de sustitución.

Los accesorios habituales son:

Accesorio	Uso específico
Cepillos intercambiables	Suaves, medios o duros, según el tipo de suelo o suciedad.
Discos de lana de acero	Para abrillantado y pulido de superficies duras.
Boquillas especiales	De chorro concentrado, planas o de rincón, para vaporetas o aspiradoras.
Tubos telescópicos	Permiten alcanzar techos, cristales o zonas elevadas.
Bolsas y filtros de repuesto	En aspiradoras de polvo, se cambian cuando están llenas o deterioradas.
Mopas o fregonas de recambio	De distintos materiales: microfibra, algodón, tejidos técnicos.
Juntas, ruedas o cables	Elementos mecánicos que pueden deteriorarse con el uso diario.

Ejemplo

En una fregadora de suelos utilizada en un supermercado, se utilizan dos depósitos diferenciados, uno para agua limpia con detergente y otro para recoger el agua sucia. Los cepillos circulares giran en sentido contrario al avance de la máquina, y un motor de aspiración recoge el agua usada. El operario revisa semanalmente los filtros y las boquillas, y sustituye mensualmente los discos de fregado por desgaste.

La vida útil de los accesorios depende del uso, el tipo de superficie y la calidad del material. La formación del personal debe incluir el reconocimiento del momento adecuado para reemplazarlos y la verificación de la compatibilidad del recambio con el equipo.

Los equipos eléctricos de limpieza y desinfección suelen incorporar controles, mandos o reguladores que permiten ajustar parámetros como la presión del agua o vapor, la velocidad de rotación, la cantidad de producto aplicado o el tipo de cepillo empleado.

Un uso adecuado de estos ajustes permite:

- Optimizar el rendimiento del equipo.
- Aumentar la durabilidad de los componentes.
- Reducir el consumo de agua, electricidad o productos químicos.
- Prevenir daños en superficies delicadas.
- Asegurar un nivel de limpieza homogéneo y profesional.

Los parámetros regulables más frecuentes son los siguientes:

Parámetro	Aplicación	Precauciones
Presión del agua o vapor	Limpieza a fondo de suelos, desinfección de superficies, eliminación de grasa o residuos orgánicos	No aplicar alta presión en juntas, madera, textiles o zonas delicadas
Velocidad de rotación de cepillos	Adaptar el frotado a diferentes superficies (suelos duros, delicados, rugosos)	Un exceso puede rayar o deteriorar el pavimento
Dosificación de productos	Controlar la cantidad de detergente o desinfectante en fregadoras y vaporetas	Un exceso puede dejar residuos o dañar materiales
Temperatura del vapor	Esterilización sin químicos, limpieza en profundidad de sanitarios y cocinas	Usar con precaución en plásticos, cristales o juntas de silicona

Anotación

Siempre deben seguirse las instrucciones del fabricante del equipo y de los productos de limpieza empleados. El mal ajuste de un parámetro puede reducir la eficacia del trabajo o deteriorar las instalaciones.

Por otro lado, la selección de los ajustes dependerá del tipo de superficie que se va a limpiar.

A continuación, se muestra una tabla orientativa:

Superficie	Presión / velocidad	Producto recomendado
Gres, cerámica	Alta presión, velocidad media-alta	Detergente neutro o desinfectante compatible
Parquet o madera tratada	Presión baja, velocidad suave	Producto específico para madera, sin exceso de humedad
Cemento pulido / hormigón	Alta presión, velocidad alta	Desengrasante o detergente alcalino
Superficies metálicas	Presión moderada, velocidad suave	Limpiador no abrasivo, sin cloro
Zonas textiles o moquetas	Presión baja, rotación controlada	Limpiador espumante o inyección-extracción

Ejemplo

En una zona de oficinas con suelo vinílico, se emplea una fregadora con velocidad media y baja presión de agua. Se programa una dosificación mínima de producto neutro para evitar dejar residuos. El operario utiliza un cepillo de dureza suave para evitar rayar la superficie plástica.

Además del tipo de superficie, el operario debe ajustar los parámetros del equipo en función de:

- El nivel de suciedad presente (manchas secas, restos biológicos, polvo, grasa, etc.).
- La frecuencia del mantenimiento (limpieza diaria, puntual o a fondo).
- El tiempo disponible para la tarea y las necesidades de secado posterior.
- El grado de desinfección requerido (por ejemplo, en zonas sanitarias o alimentarias).

Anotación

Algunos equipos permiten programar modos automáticos según el tipo de entorno. En todo caso, el personal debe estar formado para intervenir manualmente si detecta un mal funcionamiento o si las condiciones del entorno lo exigen.

El mantenimiento preventivo consiste en una serie de acciones periódicas y sistemáticas destinadas a conservar los equipos en condiciones óptimas de uso. No se trata de reparar averías, sino de evitarlas antes de que ocurran, lo que reduce costes, tiempo de inactividad y riesgos para los operarios.

Fig. 11. El mantenimiento preventivo puede ser llevado a cabo por el propio personal de limpieza o mantenimiento, siempre que conozca el funcionamiento básico del equipo y las instrucciones del fabricante

Una de las tareas más importantes y frecuentes en el mantenimiento preventivo es la limpieza o sustitución de filtros y depósitos, que suelen acumular residuos o impurezas tras cada uso.

Elemento	Frecuencia recomendada	Indicaciones básicas
Filtro de aire o polvo (aspiradoras)	Tras cada uso o semanalmente	Sacudir, lavar si es reutilizable, comprobar obstrucciones
Filtros HEPA	Mensual o según fabricante	No lavar, sustituir según uso acumulado
Depósito de agua limpia	Diariamente	Vaciar y enjuagar con agua limpia
Depósito de agua sucia	Tras cada uso	Limpiar con desinfectante si es necesario
Filtro de vapor o detergente (vaporetas)	Mensualmente	Descalcificar según dureza del agua y producto utilizado

Anotación

La acumulación de residuos en filtros o depósitos provoca sobreesfuerzo del motor, reduce la eficacia de limpieza y puede generar malos olores o contaminación cruzada.

Además, los componentes eléctricos y mecánicos deben revisarse periódicamente para detectar señales de desgaste que puedan derivar en fallos o accidentes:

Elemento	Revisión básica
Cables de alimentación	Comprobar cortes, peladuras o conexiones flojas
Enchufes y clavijas	Verificar que no se sobrecalientan ni presentan grietas
Piezas móviles (cepillos, ruedas, poleas)	Comprobar que giran sin dificultad ni ruidos extraños
Tapa de depósito, asas o empuñaduras	Verificar que cierran correctamente y no están sueltas
Panel de control o botones	Asegurarse de que responden bien al tacto y sin bloqueos

Algunos equipos (como fregadoras o máquinas rotativas) incluyen componentes móviles que requieren lubricación o tensado, especialmente si se utilizan intensivamente.

- Lubricar ejes o rodamientos siguiendo las instrucciones del fabricante.
- Ajustar tensores, correas o cepillos si hay holguras o vibraciones.
- Comprobar el apriete de tornillos o fijaciones externas.

Ejemplo

En una fregadora automática usada en un supermercado, el operario revisa semanalmente el nivel de desgaste de los cepillos, engrasa los rodamientos del eje y ajusta las ruedas giratorias. También descalcifica el circuito de agua una vez al mes, dado que el suministro tiene una alta concentración de cal.

El almacenamiento adecuado del equipo tras su utilización también forma parte del mantenimiento preventivo. Un equipo mal guardado puede deteriorarse incluso sin estar en funcionamiento.

En este sentido, algunas recomendaciones son:

- Desconectar de la red eléctrica.
- Vaciar completamente los depósitos.
- Limpiar exteriormente el equipo con un paño húmedo.
- Dejar secar los compartimentos internos.
- Guardar en lugar seco, sin exposición directa al sol ni a temperaturas extremas.
- Proteger los cables recogidos para evitar tropiezos o roturas.

Ejemplo

En un centro comercial de tamaño medio, el equipo de limpieza cuenta con varios tipos de superficies que requieren un tratamiento diferenciado: suelos de cerámica en pasillos y zonas comunes, superficies metálicas en ascensores y escaleras mecánicas, y áreas delicadas como aseos y salas de lactancia.

Para abordar estas necesidades, la empresa de mantenimiento implementa un sistema combinado de útiles manuales y equipos eléctricos, siguiendo criterios de eficiencia, ergonomía y seguridad:

1. Se utilizan fregadoras automáticas con depósito doble (agua limpia y sucia) y cepillos
2. intercambiables para los pasillos del centro comercial. Los operarios ajustan semanalmente la velocidad de rotación y realizan tareas de mantenimiento preventivo como la limpieza de filtros y boquillas.
3. En los aseos y salas de lactancia, se opta por vaporetas portátiles, que permiten una desinfección eficaz sin dejar residuos químicos. Esto es especialmente importante en espacios con contacto infantil o riesgo de sensibilidades dérmicas.
4. En las superficies verticales de acero inoxidable, se usan bayetas de microfibra con producto neutro antihuella, evitando deterioro por abrasión.
5. Todo el personal sigue un sistema de codificación por colores para bayetas y mopas (rojo para sanitarios, azul para zonas comunes, verde para zonas alimentarias), minimizando el riesgo de contaminación cruzada.
6. Además, se mantiene un registro de mantenimiento de los equipos eléctricos, que incluye revisiones programadas, reemplazo de accesorios desgastados y control del estado de los depósitos.

Gracias a esta planificación, se consigue un equilibrio entre productividad, reducción de costes por averías e higiene uniforme en todas las zonas del centro.

Anotación

El uso de fundas protectoras, soportes o carros de almacenamiento prolonga la vida útil del equipo y mejora la organización del espacio de mantenimiento.

3. Equipos y material de mantenimiento básico de instalaciones

El mantenimiento básico en instalaciones requiere el uso de un conjunto esencial de herramientas manuales, que permiten realizar tareas correctivas menores o intervenciones preventivas sin necesidad de maquinaria compleja. Estas herramientas, por su simplicidad, bajo coste y versatilidad, son las más empleadas por operarios de mantenimiento, personal de limpieza técnica o encargados de pequeños ajustes estructurales.

A continuación, se presenta una clasificación de las herramientas más habituales, junto con sus usos más frecuentes:

Herramienta	Descripción	Usos básicos en mantenimiento
Destornilladores	Herramientas para insertar o extraer tornillos, con cabezales planos, de estrella (Phillips), Torx u otros.	Fijación y desmontaje de tapas, cubiertas, enchufes, cerraduras, bisagras o mobiliario.
Alicates	Herramientas de agarre, corte o torsión. Existen universales, de corte, de punta larga o de presión.	Sujeción de piezas, corte de cables finos, ajuste de elementos, doblado de componentes metálicos.
Llaves	Se emplean para ajustar tuercas, tornillos o conexiones mecánicas. Tipos: fijas, ajustables (inglesas), allen, de tubo.	Montaje de mobiliario, ajuste de grifos, tuberías, maquinaria, o cierres de estructuras.
Martillos	Herramientas de impacto. Los más comunes: martillo de carpintero, de bola y de goma.	Clavar o extraer clavos, ajustar piezas por golpeo suave, corregir deformaciones.
Niveles	Herramientas para comprobar la horizontalidad o verticalidad de superficies. Incluyen burbuja de aire o láser.	Nivelar estanterías, estructuras, rieles, cuadros, mobiliario, guías o soportes.

Fig. 12. El uso inadecuado del material de mantenimiento (por ejemplo, utilizar un destornillador como palanca) reduce su vida útil y puede generar accidentes o daños en la instalación

El uso combinado de estas herramientas permite resolver gran parte de las incidencias menores en instalaciones, como las siguientes:

- Ajuste de bisagras en puertas, taquillas, armarios o tapas metálicas.
- Sustitución de bombillas o tubos fluorescentes en luminarias con tapa atornillada.
- Reparación de enchufes sueltos o cubiertas deterioradas.
- Nivelación de estanterías metálicas o de madera.
- Desmontaje de grifos o llaves de paso para limpieza interna.
- Sujeción de tornillos flojos en señalización, protecciones o mobiliario.
- Montaje de estructuras desmontables (paneles, mamparas, cajas de distribución).

Ejemplo

En un centro educativo, se detecta que una mesa de trabajo presenta tambaleo. El operario utiliza un destornillador Phillips para apretar los tornillos de sujeción, un nivel de burbuja para verificar la horizontalidad y una llave inglesa para fijar una tuerca de la pata que estaba suelta.

Algunas recomendaciones de uso y de mantenimiento son:

- **Almacenar en cajas o paneles organizadores**, con cada herramienta en su compartimento correspondiente.
- **Limpiar tras el uso**, especialmente si han estado en contacto con grasa, agua o residuos.
- **Comprobar el estado** de mangos, puntas y filos para evitar lesiones o pérdida de precisión.
- **Etiquetar y reponer** las herramientas faltantes o deterioradas periódicamente.

Anotación

En centros con múltiples operarios o tareas simultáneas, se recomienda disponer de kits básicos individuales o carros de herramientas portátiles para garantizar la eficiencia del trabajo.

Además de las herramientas manuales, el mantenimiento básico requiere el uso habitual de materiales auxiliares, que permiten unir, ajustar, reparar o aislar componentes estructurales, mecánicos o eléctricos. Estos materiales no son herramientas en sí, pero son consumibles esenciales que completan la intervención del operario de mantenimiento.

A. Tornillería

La tornillería incluye tornillos, tuercas, arandelas, anclajes y tacos, utilizados para fijar o ensamblar piezas.

Fig. 13. Los tornillos se presentan en distintas medidas, cabezales y materiales según su uso

Tipo	Uso habitual
Tornillos autorroscantes	Fijaciones en madera, plástico o chapa fina
Tornillos métricos con tuerca	Ensamblajes metálicos o estructurales
Tacos y anclajes de pared	Sujeción de elementos pesados (estanterías, rótulos)
Arandelas planas o de presión	Reparto de carga, evitar aflojamiento

 Anotación

Es recomendable mantener una clasificación por tamaño y tipo en cajas organizadoras, con etiquetas visibles para facilitar su localización.

B. Juntas

Las juntas son elementos flexibles diseñados para sellar uniones entre componentes y evitar fugas de agua, aire o polvo.

Se emplean especialmente en:

- Grifería, lavabos, mangueras o válvulas
- Conexiones de maquinaria
- Paneles desmontables o cajas técnicas

Fig. 14. Algunos tipos comunes de juntas son las de goma, silicona, fibra o espuma expandida

C. Adhesivos y selladores

Los adhesivos permiten unir superficies de forma temporal o permanente sin necesidad de tornillos. Los selladores, por su parte, tapan grietas o juntas expuestas a líquidos o humedad.

Producto	Aplicación
Cola blanca o vinílica	Reparación de madera o elementos porosos
Adhesivo de contacto	Unión de superficies plásticas, goma o metales
Silicona	Sellado de juntas en sanitarios, cocinas o carpintería
Sellador acrílico	Tapado de fisuras en interiores, zonas sin humedad
Pegamento epóxico	Reparaciones estructurales rápidas en metales o plásticos

Ejemplo

En una instalación de oficinas, una junta de silicona en el lavabo está deteriorada y provoca filtraciones. El operario retira la junta antigua, limpia la zona, aplica sellador de silicona, alisa con espátula y deja secar antes de volver a usar la instalación.

Las cintas adhesivas técnicas son muy utilizadas para **aislar, reforzar o marcar** zonas.

Existen múltiples tipos según su uso:

Tipo de cinta	Uso común
Cinta aislante	Aislamiento eléctrico de cables y conexiones
Cinta americana (duct tape)	Reparaciones rápidas, sujeciones temporales
Cinta de doble cara	Fijaciones invisibles en superficies lisas
Cinta antideslizante	Prevención de caídas en escalones o rampas

D. Lubricantes

Los lubricantes se aplican para reducir la fricción entre piezas móviles, proteger frente a la oxidación y facilitar el montaje o desmontaje de componentes.

- **Aceite multiusos (tipo 3 en 1)**: engranajes, bisagras, ruedas, cerraduras
- **Grasas técnicas**: rodamientos, maquinaria con movimiento prolongado
- **Lubricantes en spray**: aplicación rápida y precisa

Anotación

Se debe evitar el uso de lubricantes cerca de zonas de paso, superficies de contacto alimentario o materiales absorbentes si no se dispone de productos homologados.

Por otro lado, los pequeños equipos eléctricos no especializados son herramientas eléctricas portátiles que permiten realizar tareas de perforado, lijado, iluminación o comprobación eléctrica sin requerir conocimientos técnicos avanzados ni maquinaria pesada.

Fig. 15. Los pequeños equipos eléctricos no especializados están presentes en cualquier entorno donde se lleven a cabo tareas de mantenimiento correctivo o preventivo

E. Taladros eléctricos

Los taladros eléctricos permiten **realizar orificios en distintos materiales** (pared, madera, metal, plástico) o atornillar con rapidez.

Pueden ser:

Tipo	Uso recomendado
Taladro con cable	Uso continuo, mayor potencia, ideal en talleres
Taladro inalámbrico (batería)	Movilidad, ideal en tareas rápidas o sin tomas de corriente
Taladro percutor	Perforación en materiales duros como ladrillo o hormigón

Anotación

Se deben seleccionar brocas adecuadas al tipo de superficie (mampostería, metal, madera) y controlar la profundidad del taladro para evitar dañar canalizaciones.

F. Lijadoras eléctricas

Las lijadoras permiten alisar, limpiar o preparar superficies para pintado, sellado o montaje.

Pueden ser:

Tipo de lijadora	Uso habitual
Orbital	Acabado fino en madera, metal o plástico
De banda	Lijado rápido de grandes superficies
Delta o de detalle	Acceso a esquinas y zonas pequeñas

En el mantenimiento de mobiliario interior, se utiliza una lijadora orbital con lija de grano fino para repasar una superficie de madera antes de aplicar barniz.

G. Lámparas portátiles

Las lámparas portátiles proporcionan **iluminación auxiliar** en tareas de mantenimiento en zonas con poca luz natural o acceso limitado.

Algunas características recomendadas son:

- Tecnología LED (bajo consumo y larga duración).
- Modelos recargables o con batería.
- Resistencia al agua y al polvo (índice IP).
- Gancho o soporte magnético para trabajo manos libres.

Anotación

Una iluminación deficiente aumenta el riesgo de accidentes y errores en tareas de precisión, especialmente en cuadros eléctricos, maquinaria o conductos.

H. Detectores de tensión

Instrumentos esenciales para **comprobar si existe corriente eléctrica** en enchufes, cables, interruptores o cuadros antes de intervenir.

Los tipos son:

Tipo de detector	Características
Detector de contacto	Señala tensión al tocar directamente el cable pelado
Detector sin contacto	Detecta tensión desde el exterior, sin manipulación directa
Multímetro básico	Permite medir tensión, continuidad o resistencia

Anotación

Aunque estas herramientas no sustituyen a un electricista, son imprescindibles para prevenir accidentes eléctricos en tareas básicas como el cambio de luminarias o enchufes.

Por último, es importante considerar algunas recomendaciones generales de uso:

- Leer siempre el manual de instrucciones antes del primer uso.
- Verificar el estado de cables, enchufes y cargadores.
- Realizar pruebas previas en superficies no visibles si se utiliza lijadora o taladro en materiales delicados.
- Guardar los equipos en maletines protectores o estanterías seguras, protegidos de la humedad.

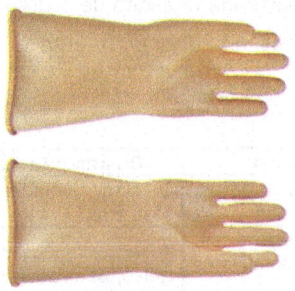

Fig. 16. Es importante utilizar guantes dieléctricos si se trabaja cerca de instalaciones eléctricas

4. Desinfección, desinsectación y desratización: clasificación. Teoría y práctica

Las intervenciones de control ambiental se dividen en tres grandes grupos, cada uno con una finalidad específica:

Intervención	Definición	Objetivo principal
Desinfección	Conjunto de procedimientos destinados a eliminar o inactivar microorganismos patógenos (bacterias, virus, hongos) presentes en superficies, ambientes o materiales.	Reducir el riesgo de contagio y contaminación.
Desinsectación	Procedimientos dirigidos a eliminar o controlar la presencia de insectos nocivos (cucarachas, hormigas, mosquitos, chinches, etc.).	Evitar la propagación de plagas, daños estructurales y contaminación alimentaria.
Desratización	Conjunto de técnicas para prevenir, controlar o erradicar roedores (ratas, ratones) en espacios urbanos, industriales o rurales.	Proteger la salud pública y evitar daños en instalaciones o mercancías.

Aunque los tres procesos comparten la finalidad de proteger la salud y la higiene en las instalaciones, existen diferencias notables en cuanto a los agentes diana, métodos utilizados y frecuencia de aplicación.

Aspecto	Desinfección	Desinsectación	Desratización
Agente objetivo	Microorganismos (virus, bacterias, hongos)	Insectos (voladores o rastreros)	Roedores (ratas y ratones)
Productos usados	Desinfectantes químicos, alcoholes, soluciones cloradas	Insecticidas, trampas, geles, aerosoles	Raticidas, cebos, trampas mecánicas
Frecuencia	Regular, programada o inmediata ante brotes	Periódica o puntual según infestación	Estacional, preventiva o correctiva
Aplicación	Superficies, ambientes, utensilios	Suelos, grietas, sumideros, techos	Interiores, almacenes, conducciones, exteriores

Anotación

Las medidas preventivas son tan importantes como la actuación correctiva. La limpieza continua, el cierre de accesos y el control de residuos dificultan la aparición de plagas y reducen la necesidad de intervenciones agresivas.

La necesidad y tipo de intervención varía según el sector o tipo de instalación. A continuación, se describen los principales entornos en los que estos procesos son obligatorios o recomendables:

Ámbito	Intervenciones frecuentes	Motivo principal
Sanitario (hospitales, centros de salud)	Desinfección diaria, desinsectación controlada, desratización perimetral	Alta presencia de patógenos, pacientes inmunodeprimidos
Alimentario (cocinas industriales, fábricas de alimentos)	Desinfección de superficies, control de insectos voladores y roedores	Riesgo de contaminación cruzada y transmisión de enfermedades
Industrial (naves, almacenes, plantas de producción)	Desratización estructural, desinsectación de zonas húmedas	Protección de maquinaria, mercancías y canalizaciones
Educativo (escuelas, institutos, universidades)	Desinfección periódica, desinsectación en temporada estival	Prevención sanitaria en zonas de alta concurrencia
Oficinas y espacios públicos	Desinfección de baños, control ocasional de insectos y roedores	Imagen, confort y seguridad del entorno laboral

Ejemplo

En una cocina central de catering, el protocolo semanal incluye la desinfección con hipoclorito sódico de todas las superficies de trabajo. Se aplica desinsectación mensual preventiva en sumideros y esquinas, y se mantienen estaciones de cebos rodenticidas en el perímetro del almacén de alimentos.

Las acciones de desinfección, desinsectación y desratización pueden clasificarse según el tipo de agente de control que se utilice y según la forma de aplicación. Esta clasificación es clave para seleccionar la técnica más adecuada según el entorno, el nivel de infestación o contaminación, y la normativa vigente.

Los métodos de actuación pueden dividirse en **tres grandes grupos**: físicos, químicos y biológicos.

A. Métodos físicos

Se basan en la acción directa de elementos físicos (temperatura, luz, presión, barreras) para eliminar o evitar la proliferación de microorganismos, insectos o roedores.

Ejemplos de métodos físicos	Aplicación
Aplicación de vapor a alta temperatura	Desinfección de textiles, sanitarios, cocinas
Uso de luz ultravioleta (UV-C)	Esterilización de aire o superficies en entornos sanitarios
Barreras físicas y trampas mecánicas	Captura de roedores e insectos sin productos químicos
Frío extremo o calor seco	Eliminación de plagas en productos almacenados
Aspiración o presión de agua	Eliminación mecánica de suciedad y microorganismos

Anotación

Los métodos físicos son seguros y sostenibles, aunque en ocasiones pueden requerir combinación con productos químicos para garantizar la eficacia.

B. Métodos químicos

Implican el uso de **sustancias activas** que eliminan, inactivan o repelen a los agentes biológicos.

Fig. 17. Los métodos químicos son los más habituales en tareas de mantenimiento por su eficacia y accesibilidad

Tipo de sustancia	Aplicación
Desinfectantes (lejía, amonios cuaternarios, alcoholes)	Eliminación de virus y bacterias en superficies
Insecticidas (piretroides, geles, aerosoles)	Control de cucarachas, hormigas, mosquitos
Rodenticidas (anticoagulantes, cebos en bloque)	Eliminación de ratas y ratones en zonas críticas
Fumígenos o nebulizadores	Desinfección o desinsectación de grandes volúmenes

El uso de productos químicos debe realizarse siguiendo la ficha técnica y de seguridad, respetando tiempos de actuación y ventilación, así como evitando el contacto con alimentos, mascotas o personas.

C. Métodos biológicos

Utilizan organismos vivos o productos derivados de ellos para controlar plagas de forma natural. Son menos invasivos y más sostenibles a largo plazo, aunque requieren mayor control y planificación.

Ejemplo	Aplicación
Feromonas de atracción o confusión sexual	Control de insectos en entornos alimentarios
Depredadores naturales (por ejemplo, aves o insectos beneficiosos)	Agricultura urbana, zonas verdes anexas a instalaciones
Bacterias o hongos entomopatógenos	Control de plagas específicas sin afectar a otros organismos

En una instalación agroalimentaria, se combinan feromonas en trampas de monitoreo con tratamientos químicos puntuales para lograr un control sostenible de las plagas sin afectar la producción.

Independientemente del tipo de método utilizado, las técnicas pueden aplicarse manualmente o con equipos especializados, lo que influye en la precisión, el alcance y la seguridad de la intervención.

Las técnicas manuales se realizan de forma directa por el operario con utensilios básicos. Son útiles para intervenciones puntuales y en zonas de acceso limitado.

Ejemplo	Uso típico
Aplicación de gel insecticida con jeringa	Esquinas, bajo muebles, grietas
Pulverización con pulverizador de mano	Superficies pequeñas o específicas
Colocación de trampas o cebos	Interiores de armarios, falsos techos, zonas perimetrales
Limpieza mecánica con paño y desinfectante	Interruptores, pomos, elementos de uso frecuente

Las técnicas con equipos requieren equipos eléctricos, mecánicos o a presión. Se utilizan en intervenciones más extensas, programadas o sistemáticas.

Equipo	Aplicación
Nebulizadores o termonebulizadores	Desinfección aérea o ambiental de grandes espacios
Máquinas de vapor	Desinfección profunda sin químicos
Pulverizadores eléctricos de mochila o carro	Aplicación uniforme de insecticidas o desinfectantes en suelos, paredes, mobiliario
Detectores de plagas por ultrasonido o movimiento	Sistemas de monitoreo en instalaciones sensibles

 Anotación

El uso de equipos requiere formación previa, revisión técnica periódica y protección del operario mediante EPI adecuados, especialmente cuando se manipulan sustancias químicas o se trabaja en espacios cerrados.

La correcta ejecución de una tarea de desinfección, desinsectación o desratización requiere seguir una secuencia estructurada de pasos, independientemente del método o producto que se utilice. Esta secuencia garantiza tanto la eficacia de la intervención como la seguridad del personal y del entorno.

Los pasos comunes son:

1. **Preparación del área y del material**: Antes de iniciar cualquier intervención, se debe retirar o proteger el mobiliario, alimentos, textiles u objetos que puedan verse afectados.

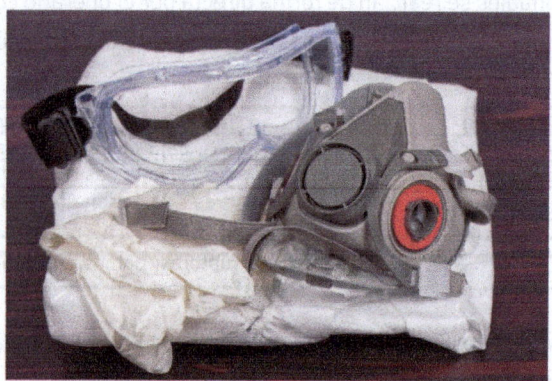

Fig. 18. El operario debe equiparse con los equipos de protección individual (EPI) adecuados según el producto que se vaya a aplicar

También es necesario **ventilar previamente** si se va a trabajar con sustancias químicas en espacios cerrados y revisar el estado de los equipos a utilizar (pulverizadores, boquillas, trampas, etc.).

2. **Aplicación del producto o método elegido**: La aplicación debe realizarse siguiendo rigurosamente las instrucciones del fabricante, tanto en lo que respecta a la dosificación como a la forma de aplicación. Es esencial respetar las zonas de riesgo, la distancia de pulverización, el tiempo de exposición del producto y las superficies a tratar. En el caso de tratamientos físicos (vapor, trampas, UV), debe verificarse que se está actuando en condiciones óptimas (temperatura, distancia, tiempo).

3. **Ventilación y tiempo de seguridad**: Tras la aplicación de productos químicos o térmicos, debe garantizarse un tiempo de espera suficiente antes de permitir el acceso al área tratada. La ventilación posterior es fundamental para eliminar residuos volátiles y reducir el riesgo de intoxicación.

4. **Limpieza posterior y recogida del material**: Una vez finalizado el tratamiento y pasado el tiempo de seguridad, se procede a la limpieza de restos visibles, retirada de trampas usadas, repaso de superficies o limpieza de equipos.

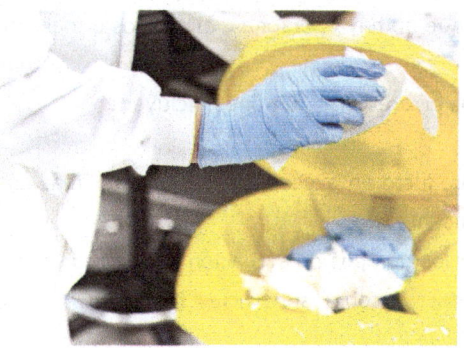

Fig. 19. Los residuos peligrosos generados (restos de productos, filtros, envases contaminados) deben gestionarse de acuerdo con la normativa vigente

En toda instalación existen zonas críticas que requieren una atención especial por su alta exposición a contaminantes, su uso intensivo o la posibilidad de albergar focos de plaga. Estas zonas deben ser tratadas con una frecuencia superior al resto del entorno.

Algunas zonas críticas habituales son:

- Sumideros, fregaderos, baños y cuartos de limpieza.
- Falsos techos, zócalos, juntas y esquinas inaccesibles.
- Almacenes de alimentos, cocinas o zonas de tratamiento de residuos.
- Conductos de ventilación, bajantes y sistemas de climatización.
- Espacios exteriores próximos a colectores o vertederos.

La frecuencia de aplicación puede ser diaria (desinfección rutinaria), semanal (tratamientos preventivos) o puntual (ante indicios de infestación o tras incidentes sanitarios).

Algunas buenas prácticas son:

- Leer y comprender siempre la ficha técnica y de seguridad del producto.
- Etiquetar adecuadamente todos los envases, incluso si se transfieren a pulverizadores.
- Usar siempre EPI adaptados al tipo de intervención.
- Realizar una prueba previa del producto en una pequeña superficie.
- Garantizar que no haya personas, alimentos o mascotas en el área tratada.

Por el contrario, los errores más comunes incluyen:

- Aplicar el producto en exceso, pensando que "más es mejor", lo que puede ser contraproducente.
- No respetar los tiempos de actuación ni de seguridad.
- Aplicar productos sobre superficies húmedas o contaminadas, reduciendo su eficacia.
- Mezclar sustancias incompatibles, lo que puede provocar reacciones peligrosas.
- No ventilar adecuadamente después de la aplicación.

Para que la ejecución sea eficaz y segura, es necesario que:

- El personal esté formado y autorizado para el uso de productos biocidas.
- Se planifique la intervención para interrumpir lo menos posible la actividad habitual de la instalación.
- Se tenga preparado un plan de actuación ante emergencias, en caso de derrames, intoxicaciones o fallos en los equipos.
- Se garantice la trazabilidad del proceso, registrando los productos utilizados, las fechas de intervención, los responsables y las zonas tratadas.

Deben evitarse situaciones de riesgo innecesario, como el acceso no autorizado a zonas tratadas, el uso de productos vencidos o la improvisación en el tipo de técnica a emplear. Igualmente, es imprescindible establecer protocolos de control que permitan evaluar si el tratamiento ha sido efectivo y seguro.

Estos protocolos deben incluir:

- Inspecciones visuales posteriores para verificar la ausencia de plagas o la limpieza esperada.
- Revisión periódica de trampas o puntos de control.
- Registro documental de cada intervención (parte de actuación).
- Seguimiento de incidencias y medidas correctoras.

5. Métodos de lucha

Los métodos físicos son técnicas de prevención, control o erradicación de plagas y microorganismos que no implican el uso de productos biocidas ni sustancias químicas. Su eficacia depende del tipo de plaga o contaminante, del diseño del entorno y de la constancia en su mantenimiento. Aunque no siempre son suficientes por sí solos, suelen formar parte de una estrategia integral de control.

Las barreras físicas impiden el acceso de plagas o agentes contaminantes a determinadas zonas o instalaciones. Son especialmente útiles como métodos preventivos y deben instalarse en puntos estratégicos.

Algunos ejemplos comunes incluyen:

- **Burletes y cepillos en puertas**: evitan el paso de insectos rastreros o roedores.
- **Tapas herméticas en desagües o rejillas**: bloquean la vía de entrada de cucarachas u otros insectos desde redes de saneamiento.
- **Sellado de grietas, juntas o zócalos**: impide la anidación o tránsito de pequeños animales.

Fig. 20. La mosquitera es un tipo de barrera física que impide la entrada de insectos voladores

Estas medidas son especialmente importantes en instalaciones alimentarias, cocinas colectivas, almacenes o vestuarios, donde se debe evitar cualquier contacto entre las plagas y los productos o utensilios.

Las trampas permiten capturar, controlar o monitorear la presencia de plagas sin necesidad de utilizar venenos. Pueden tener un propósito curativo o preventivo.

Existen diversos tipos, según el tipo de plaga:

- **Trampas adhesivas**: atraen y retienen insectos voladores o rastreros mediante una superficie pegajosa. Suelen contener feromonas.

- **Trampas mecánicas para roedores**: consisten en mecanismos de captura (tipo jaula o resorte) sin uso de venenos. Se utilizan en zonas donde se prohíbe el uso de rodenticidas.
- **Trampas luminosas**: combinan luz ultravioleta con placas adhesivas para atraer y capturar insectos voladores. Son comunes en cocinas industriales.
- **Trampas de monitoreo**: no eliminan la plaga, pero permiten **detectar su presencia y actividad**, sirviendo como base para planificar acciones correctoras.

Estas trampas deben revisarse regularmente, mantenerse limpias y colocarse fuera del alcance de personas, alimentos o animales de compañía.

Los tratamientos térmicos son altamente eficaces para eliminar **microorganismos o insectos** en todas sus fases (huevo, larva, adulto), especialmente en superficies, textiles o utensilios.

Existen dos variantes:

- **Alta temperatura**: consiste en la aplicación de calor seco o vapor de agua a temperaturas superiores a 70 °C. Es especialmente útil en:
  - Colchones, sofás, alfombras (contra chinches, ácaros).
  - Superficies de cocina (grasa, bacterias, virus).
  - Conductos de aire o climatización.

- **Bajas temperaturas**: se aplican mediante congelación o exposición prolongada a frío extremo, siendo eficaz en:
  - Conservación libre de plagas en alimentos o textiles.
  - Inactivación de microorganismos en productos almacenados.

Estos tratamientos requieren equipos adecuados y personal formado para garantizar que se alcanzan las temperaturas necesarias sin dañar las superficies ni poner en riesgo la seguridad del operario.

Los **sistemas de ultrasonidos repelentes** generan ondas sonoras a frecuencias no perceptibles para el ser humano, que supuestamente resultan molestas para roedores e insectos, haciendo que abandonen el entorno.

Aunque su eficacia real puede variar según el entorno y el fabricante, se utilizan en algunos casos como medida complementaria, especialmente en:

- Oficinas y entornos domésticos.
- Zonas de almacenamiento de alimentos.
- Espacios donde el uso de productos químicos está restringido.

Es importante recordar que estos dispositivos no eliminan la plaga, sino que actúan como medida disuasoria, por lo que deben combinarse con otras técnicas más directas cuando la presencia de plagas es evidente.

Por su parte, los métodos químicos consisten en la aplicación de sustancias activas que eliminan, repelen o inhiben la proliferación de agentes biológicos indeseados. Son frecuentes en tareas de desinfección, desinsectación y desratización, tanto en intervenciones puntuales como en tratamientos programados.

Su uso debe basarse siempre en criterios de eficacia, seguridad y cumplimiento normativo, atendiendo a las instrucciones del fabricante, las condiciones del entorno y la protección de las personas.

Los desinfectantes químicos son fundamentales para **reducir la carga microbiana** en superficies, utensilios o ambientes. Su función es eliminar o inactivar bacterias, virus y hongos.

Los más comunes incluyen:

- **Amonios cuaternarios**: tienen efecto bactericida y fungicida, y se utilizan en instalaciones alimentarias y sanitarias.
- **Alcoholes** (etanol, isopropanol): desinfección de superficies pequeñas, manos o utensilios.
- **Peróxidos y oxígeno activo**: usados en desinfección ambiental o en equipos de nebulización.

Fig. 21. El hipoclorito sódico (lejía) es de uso habitual en superficies duras, lavabos, cocinas y suelos

Es fundamental respetar la concentración recomendada, el tiempo de contacto y la incompatibilidad entre productos (por ejemplo, nunca mezclar lejía con amoníaco).

Los **insecticidas químicos** se aplican para eliminar insectos en todas sus fases (huevo, larva, adulto) o para prevenir su aparición.

Pueden presentarse en distintas formulaciones:

- **Aerosoles y pulverizadores**: de uso localizado o ambiental.
- **Geles insecticidas**: especialmente eficaces contra cucarachas y hormigas. Se aplican en grietas y zonas ocultas.
- **Cebos sólidos o líquidos**: colocados en dispensadores o trampas, para consumo controlado.

- **Fumígenos y nebulizadores**: liberan principios activos en el aire para tratar grandes volúmenes.

El tipo de insecticida debe elegirse según el tipo de plaga, el entorno (habitacional, alimentario, sanitario) y la presencia de personas o animales.

Los productos para el control químico de roedores se conocen como **rodenticidas**. Suelen actuar por ingestión y se formulan como cebos con atrayentes.

Los tipos más comunes son:

- **Anticoagulantes**: provocan hemorragias internas. Requieren varias ingestas y tienen un efecto retardado.
- **Cebos parafinados o en bloque**: resistentes a la humedad, se colocan en portacebos cerrados.
- **Pasta fresca o granulado**: muy palatable, adecuada para zonas secas.

Deben colocarse en estaciones de cebado seguras, señalizadas y protegidas, fuera del alcance de personas, animales no diana y productos alimentarios.

El uso de métodos químicos requiere aplicar medidas específicas de precaución y control:

- Leer siempre la ficha de datos de seguridad (FDS) del producto.
- Utilizar los equipos de protección individual recomendados: guantes, mascarilla, gafas.
- No comer, beber ni fumar durante la manipulación.
- Ventilar bien las zonas tratadas antes de permitir el acceso.
- Almacenar los productos en zonas seguras, fuera del alcance de personas no autorizadas.
- No reutilizar envases ni mezclar productos sin conocimiento técnico.

Es responsabilidad del operario garantizar que los productos estén homologados y autorizados para uso profesional, y que su aplicación cumpla con los requisitos legales y medioambientales vigentes.

Por último, los métodos biológicos se basan en la utilización de organismos vivos o de sustancias naturales derivadas de estos organismos para prevenir, controlar o eliminar plagas, sin recurrir a productos químicos agresivos. Son técnicas alineadas con los principios de la bioprotección y la sostenibilidad ambiental, aunque su implementación suele requerir mayor planificación y seguimiento que otros métodos.

Fig. 22. Al contrario que con productos químicos, los métodos biológicos generalmente no requieren protección personal extrema

Se aplican principalmente en programas integrados de control, como complemento o sustituto de métodos físicos o químicos, y se valoran especialmente en sectores sensibles como la alimentación, la agricultura urbana o instalaciones cercanas a entornos naturales.

A continuación, se describen las principales estrategias biológicas en control de plagas:

A. Feromonas y atrayentes naturales

Las feromonas son sustancias químicas producidas por los insectos para comunicarse entre sí. En el control de plagas, se utilizan de forma artificial para:

- **Atraer insectos adultos** hacia trampas donde quedan retenidos (monitorización o captura).
- **Alterar su comportamiento reproductivo**, dificultando el encuentro entre machos y hembras (confusión sexual).

Este método se emplea en plagas como polillas, escarabajos de almacén, cucarachas o mosquitos.

B. Enemigos naturales

Consiste en introducir o favorecer la presencia de depredadores o parásitos naturales de la plaga.

Por ejemplo:

- Uso de aves rapaces para controlar poblaciones de roedores en entornos rurales o semiurbanos.
- Introducción de avispas parásitas o mariquitas para el control de pulgones o cochinillas en zonas verdes próximas a instalaciones.
- Estímulo de fauna auxiliar mediante refugios, vegetación o alimentación controlada.

Este enfoque requiere un equilibrio ecológico, por lo que debe planificarse con asesoramiento técnico y un seguimiento a largo plazo.

C. Microorganismos entomopatógenos

Se utilizan hongos, bacterias o virus que infectan y eliminan plagas específicas sin afectar a otros organismos. Algunos ejemplos incluyen:

- **Bacillus thuringiensis**: bacteria que produce toxinas letales para larvas de mosquitos, polillas y orugas, pero inocua para humanos y animales.
- **Beauveria bassiana**: hongo que infecta cucarachas, termitas y escarabajos.

Este tipo de productos se presenta en formulaciones líquidas o en polvo, y su aplicación es similar a la de los insecticidas convencionales, pero con mayor biocompatibilidad.

A continuación, se presenta una tabla que resume de forma clara las ventajas y limitaciones de los métodos biológicos utilizados en el control de plagas:

Ventajas	Limitaciones
Menor impacto ambiental y sin residuos tóxicos	No suelen tener un efecto inmediato
Mayor seguridad para operarios y usuarios de la instalación	Requieren un entorno adecuado para que los organismos actúen eficazmente
Favorecen la prevención a largo plazo y el equilibrio ecológico	Suelen ser específicos para una sola plaga, lo que limita su aplicación general
Compatibles con normativas medioambientales estrictas (ej. producción ecológica)	La manipulación de organismos vivos exige formación especializada

Ejemplo

En una cocina central de catering, que da servicio a comedores escolares, el personal de mantenimiento detectó señales de cucarachas cerca de los sumideros y zonas de almacenamiento. Dado que se trata de un entorno sensible, se optó por una estrategia de control integrado, combinando métodos físicos, químicos y biológicos para maximizar la eficacia sin comprometer la seguridad alimentaria.

Las medidas adoptadas fueron las siguientes:

- **Métodos físicos:** Se instalaron burletes en puertas y se sellaron grietas y juntas en zócalos y paredes para evitar el acceso de insectos.

  Se colocaron trampas adhesivas con feromonas en puntos estratégicos, como detrás de electrodomésticos y junto a desagües, para monitorear la presencia de cucarachas y registrar su evolución.

- **Métodos químicos:** Se aplicaron geles insecticidas de acción retardada con jeringa en zonas no accesibles para el personal de cocina ni para los alimentos (grietas, motores de frigoríficos, zócalos).

  Se utilizó un pulverizador manual con insecticida autorizado, de baja toxicidad, en el perímetro exterior del almacén para prevenir la entrada de nuevos individuos.

- **Métodos biológicos:** Como medida complementaria, se emplearon trampas con feromonas específicas para cucarachas que permiten su captura sin utilizar sustancias tóxicas, facilitando un monitoreo constante con mínimo impacto ambiental.

Cada intervención fue registrada en un protocolo de control, anotando las fechas, productos, dosis aplicadas, zonas tratadas y observaciones del personal. Además, se programaron inspecciones mensuales para revisar el estado de trampas y evaluar la eficacia de las medidas aplicadas.

6. Productos

Los productos empleados en el mantenimiento básico pueden clasificarse en dos grandes grupos según su finalidad:

- Productos de limpieza e higienización.
- Productos de control de plagas.

A continuación, se resumen los principales tipos dentro de cada grupo, junto con su función general y aplicación habitual:

Tipo de producto	Función principal	Aplicaciones comunes
Detergentes	Eliminar suciedad orgánica e inorgánica. No tienen acción desinfectante.	Suelos, mobiliario, cristales, utensilios
Desinfectantes	Eliminar o inactivar microorganismos (bacterias, virus, hongos).	Zonas sanitarias, cocinas, aseos, superficies de contacto
Desengrasantes	Disolver grasa, aceites y residuos adheridos.	Campanas extractoras, cocinas, maquinaria
Desodorizantes	Neutralizar o enmascarar malos olores.	Cuartos de baño, vestuarios, contenedores
Insecticidas	Matar o repeler insectos rastreros o voladores.	Cocinas, almacenes, puntos de entrada
Rodenticidas	Eliminar o controlar poblaciones de roedores.	Cuartos técnicos, exteriores, zonas de almacén
Fungicidas	Inhibir o eliminar hongos y moho.	Paredes húmedas, duchas, espacios sin ventilación

Anotación

Muchos productos combinan funciones, como los detergentes desinfectantes, que permiten una limpieza integral en una sola aplicación. Es fundamental leer siempre la etiqueta y la ficha técnica para asegurarse de su uso correcto y seguro.

Los productos utilizados en limpieza y control de plagas se presentan en distintos **formatos físicos**, diseñados para adaptarse a su modo de aplicación, eficacia y seguridad. Elegir la presentación adecuada facilita su manipulación y mejora los resultados del tratamiento:

Forma de presentación	Características	Ejemplos de uso
Líquidos	De aplicación directa o diluidos. Permiten una dosificación precisa.	Desinfectantes de superficies, detergentes multiusos, desengrasantes
Aerosoles	Envases presurizados que dispersan el producto en partículas finas. Útiles en espacios cerrados o de difícil acceso.	Insecticidas ambientales, desodorizantes, limpiadores de contacto
Sólidos	Incluyen tabletas, pastillas, polvos o cebos. Ofrecen liberación lenta o prolongada.	Cebos rodenticidas, pastillas desodorizantes, fungicidas en polvo
Espumas	Aplicación localizada con adherencia prolongada. Aumentan el tiempo de contacto.	Desinfectantes en sanitarios, limpiadores de hornos, espumas insecticidas
Geles	Productos de alta concentración que se aplican en pequeñas cantidades. Se mantienen activos en zonas localizadas.	Geles contra cucarachas o hormigas, gel desinfectante de manos

Ejemplo

En el mantenimiento de un centro deportivo, el personal utiliza un detergente desinfectante líquido diluido en fregadora para los suelos, un gel insecticida en zonas técnicas con actividad de cucarachas y un aerosol desodorizante para los vestuarios.

Todo producto de limpieza o control ambiental contiene uno o varios principios activos, que son los componentes responsables de su acción específica. Además, suelen incluir sustancias complementarias que favorecen su conservación, aplicación o penetración en las superficies.

A continuación, se explican los grupos de compuestos más frecuentes según el tipo de producto:

A. Tensioactivos

Son moléculas presentes en la mayoría de los detergentes y limpiadores, cuya función es romper la tensión superficial del agua y permitir que esta penetre mejor en la suciedad, facilitando su arrastre.

Existen distintos tipos:

- **Aniónicos**: buena capacidad espumante. Limpieza general.
- **No iónicos**: baja formación de espuma. Uso en lavavajillas o maquinaria.
- **Catiónicos**: propiedades antimicrobianas. Frecuentes en desinfectantes.
- **Anfotéricos**: combinan propiedades según el pH. Usados en productos suaves.

B. Bactericidas

Sustancias que **eliminan bacterias**, tanto en superficies como en ambientes. Se emplean en desinfectantes de uso general, sanitario o alimentario.

Algunos ejemplos comunes son:

- Amonios cuaternarios.
- Hipoclorito sódico (lejía).
- Peróxidos y oxígeno activo.

Fig. 23. Un buen gel hidroalcohólico puede ser bactericida, virucida y fungicida

C. Virucidas

Principios activos capaces de inactivar o destruir virus, especialmente importantes en entornos sanitarios, baños o espacios con gran afluencia de personas.

Destacan:

- Alcoholes (etanol, isopropanol).
- Cloroactivo (lejía diluida adecuadamente).
- Compuestos fenólicos.

 Anotación

Para que un producto sea considerado virucida, debe estar autorizado oficialmente y cumplir con normas específicas como la UNE-EN 14476, lo que debe aparecer en su etiqueta o ficha técnica.

D. Repelentes e insecticidas

Sustancias que repelen o eliminan insectos. Se clasifican en función de su modo de acción:

- **Repelentes**: alejan a los insectos sin matarlos (por ejemplo, citronela, geraniol).
- **Insecticidas neurotóxicos**: paralizan o eliminan plagas (piretroides, permetrina).
- **Reguladores del crecimiento**: interfieren en el desarrollo de larvas o huevos.

También existen rodenticidas anticoagulantes, cuyo principio activo suele ser la bromadiolona, el difacinone o la brodifacoum, entre otros.

La eficacia de los productos de limpieza y control depende tanto de su composición como de las condiciones en las que se aplican. Es fundamental seguir las instrucciones del fabricante, ya que aplicar mal un producto puede anular su efecto, dañar superficies o poner en riesgo la salud.

Cada producto necesita un tiempo mínimo para actuar correctamente. Este periodo se denomina tiempo de contacto, y suele oscilar entre 30 segundos y varios minutos, dependiendo del producto y del tipo de superficie.

Por ejemplo:

- Un desinfectante de superficies puede requerir 5 minutos para eliminar virus.
- Un gel insecticida necesita varios días para que la colonia quede afectada.
- Un desengrasante puede actuar en 1 a 3 minutos, dependiendo de la suciedad.

Por otro lado, el modo de aplicación también influye en la eficacia:

- **Pulverización directa**: para cubrir superficies amplias o irregulares.
- **Aplicación con paño o fregona**: para suelos y mobiliario.

- **Colocación puntual**: en geles o cebos para plagas, se aplica en grietas o rincones.

Fig. 24. El modo de aplicación de nebulización o termonebulización es usado para tratamientos ambientales

Se debe aplicar de forma uniforme, evitando zonas saturadas o sin cubrir.

Algunos productos no deben mezclarse entre sí, ya que pueden anularse, degradarse o generar gases tóxicos.

Errores comunes que deben evitarse son:

- **Mezclar lejía con amoníaco o vinagre**: produce vapores irritantes y tóxicos.
- **Usar detergentes con pH muy diferentes juntos**: puede neutralizar su acción.
- **Combinar insecticidas de distintas familias**: puede generar resistencias.

Nunca se deben rellenar envases de productos con otros distintos ni reutilizar envases sin identificar. Toda mezcla debe estar autorizada y etiquetada correctamente.

El manejo seguro de productos de limpieza, desinfección y control de plagas exige prestar especial atención al etiquetado de los envases y a las condiciones de almacenamiento. Una gestión incorrecta de estos aspectos puede suponer riesgos para la salud, el medio ambiente y la integridad de las instalaciones.

Legislación

Todos los productos químicos deben presentarse correctamente etiquetados, siguiendo el Sistema Globalmente Armonizado (SGA) de clasificación y etiquetado de productos químicos, conforme al Reglamento (CE) nº 1272/2008 (CLP).

Las etiquetas deben incluir:

- **Nombre comercial** del producto.
- **Identificación de peligros**, mediante **pictogramas** normalizados.
- **Frases H (hazard)**: describen los peligros físicos, para la salud o el medio ambiente.
- **Frases P (precaution)**: indican las medidas preventivas.
- **Datos del fabricante o distribuidor**.
- **Indicaciones de uso, dilución y primeros auxilios**.

Anotación

El personal debe poder leer claramente la etiqueta sin manipular el envase. Nunca deben utilizarse productos sin etiquetar o en envases distintos a los originales si no están correctamente rotulados.

Los productos pueden presentar uno o más pictogramas de advertencia.

Algunos de los más frecuentes en productos de limpieza y desinfección son:

- **Tóxico**: riesgo grave para la salud incluso a bajas dosis.
- **Irritante o nocivo**: causa irritación ocular, cutánea o respiratoria.
- **Corrosivo**: provoca quemaduras o daños severos a tejidos o materiales.
- **Inflamable**: puede arder fácilmente (por ejemplo, alcoholes).
- **Peligroso para el medio ambiente**: afecta a la fauna, flora o aguas residuales.

Además, los productos deben almacenarse en condiciones que eviten fugas, reacciones peligrosas o contaminación cruzada. Para ello se deben seguir una serie de pautas básicas:

- Guardar en su envase original, cerrado y en posición vertical.
- Separar productos incompatibles, especialmente los que contienen cloro de los que contienen amoníaco o ácidos.
- Etiquetar claramente los estantes y zonas de almacenamiento.
- Mantener alejados de fuentes de calor, llamas o radiación solar directa.
- Almacenar a temperatura ambiente estable, protegidos de la humedad y en zonas ventiladas.
- Evitar el contacto con alimentos o utensilios de cocina.
- Disponer de bandejas de contención en caso de productos líquidos o corrosivos.
- Restringir el acceso a personas no autorizadas, especialmente menores.

Ejemplo

En un cuarto de limpieza de una escuela, los productos se almacenan en una estantería metálica ventilada, con señalización visible, ordenados por tipo y con fichas de seguridad disponibles en una carpeta accesible. Los envases grandes están en estanterías bajas para evitar caídas, y los productos de uso diario se almacenan en una zona separada y señalizada.

Todos los productos peligrosos deben ir acompañados de su **ficha de datos de seguridad (FDS)**, que debe estar accesible al personal y contener información detallada sobre riesgos, medidas de protección, almacenamiento, eliminación y primeros auxilios.

Fig. 25. El espacio destinado al almacenamiento de productos de limpieza y control de plagas debe reunir una serie de condiciones estructurales y ambientales que minimicen los riesgos de accidentes, derrames, contaminación cruzada y deterioro de los productos

El lugar destinado al almacenamiento debe ser específico, cerrado y señalizado, de forma que se evite el acceso de personas no autorizadas o la presencia de materiales incompatibles (como alimentos, medicamentos o productos combustibles no relacionados).

Las ubicaciones más recomendables cumplen los siguientes criterios:

- Están fuera de zonas de paso, comedores, cocinas o espacios de descanso.
- Disponen de puerta con cierre o sistema de control de acceso.
- Se sitúan en planta baja o sótano ventilado, evitando zonas cercanas a sistemas de climatización o conductos de aire.
- Permiten la organización vertical y por familias de productos, con estanterías resistentes y bandejas de contención.

No debe utilizarse un espacio improvisado, como un armario de limpieza en un baño, para almacenar productos peligrosos sin las condiciones adecuadas.

Por otra parte, la ventilación adecuada del almacén es esencial para evitar:

- **Acumulación de vapores o gases tóxicos** procedentes de productos líquidos o aerosoles.

- **Condensación o humedad excesiva**, que puede deteriorar envases, etiquetas y generar corrosión o moho.
- **Riesgos de intoxicación** por inhalación en caso de fugas o derrames.

La ventilación puede ser natural (ventanas o rejillas) o forzada (extractores), pero debe garantizar la renovación constante del aire. También debe evitar que los olores y vapores puedan difundirse a otras estancias ocupadas del edificio.

Además, muchos productos, especialmente los inflamables, corrosivos o presurizados, son sensibles a las variaciones térmicas y requieren condiciones estables para conservar su eficacia y evitar reacciones peligrosas.

En este sentido, las medidas básicas incluyen:

- Alejar los productos de radiadores, estufas, hornos u otros focos de calor directo.
- Evitar la exposición solar prolongada, especialmente a través de ventanas o lucernarios.
- No almacenar productos inflamables cerca de enchufes, motores o cuadros eléctricos.
- Mantener la temperatura del almacén en un rango estable, preferentemente entre 10 y 25 °C.

También debe existir en las instalaciones un extintor adecuado (por ejemplo, de CO_2 si hay productos inflamables) y una señalización clara del riesgo químico, tal como establecen las normativas de seguridad.

Ejemplo

En un almacén logístico, los productos de limpieza se guardan en un espacio cerrado, alejado del área de carga y de la zona de maquinaria. El almacén cuenta con un sistema de ventilación mecánica, estanterías de acero galvanizado y un extintor de clase química, además de carteles visibles que indican "Prohibido fumar" y "Producto inflamable".

7. Preservación del medio ambiente en el uso de instalaciones

El mantenimiento básico de instalaciones debe garantizar la higiene, el orden y la funcionalidad de los espacios, e incorporar criterios de sostenibilidad ambiental. En este contexto, es necesario aplicar buenas prácticas que contribuyan a minimizar el impacto negativo sobre el entorno, reducir el consumo de recursos y fomentar un uso eficiente de materiales y productos.

El agua es uno de los recursos más empleados en tareas de limpieza y mantenimiento, por lo que su uso responsable es una prioridad:

- Evitar el derroche cerrando grifos mientras se friega o aclara.
- Utilizar cubos dosificados, en lugar de aplicar agua directamente con mangueras.
- Emplear máquinas de limpieza con sistemas de control de flujo y recuperación de agua sucia.
- Priorizar el uso de productos que no requieran aclarado, cuando sea posible.
- Detectar y reparar fugas o pérdidas en tuberías, grifos o sanitarios.

Anotación

La selección de productos concentrados y la formación del personal son claves para reducir la cantidad de agua necesaria en cada intervención.

Las tareas de mantenimiento también implican el uso de equipos eléctricos, calefacción, iluminación o sistemas de ventilación. Para reducir el consumo energético:

- Apagar máquinas, luces o sistemas cuando no estén en uso.
- Planificar el trabajo para concentrar las tareas que requieren equipos eléctricos en un mismo periodo.
- Realizar el mantenimiento preventivo de motores, filtros y conductos para optimizar su rendimiento.
- Utilizar iluminación LED y aprovechar la luz natural.

Fig. 26. Ajustar la temperatura de calefacción y refrigeración según los criterios de eficiencia energética es una gran práctica para reducir el consumo energético

En una jornada de mantenimiento general, el operario utiliza una fregadora eléctrica durante el horario de menor carga energética del edificio y agrupa las tareas que requieren este equipo para evitar múltiples encendidos y apagados.

Los productos de limpieza, desinfección y control de plagas pueden tener un alto impacto ambiental si se utilizan en exceso, se almacenan mal o se eliminan de forma inadecuada.

En este aspecto, algunas prácticas correctas son:

- Dosificar correctamente según las instrucciones del fabricante.
- Utilizar productos ecológicos certificados cuando sea posible.
- Evitar duplicidades: por ejemplo, no aplicar detergente si se va a usar desinfectante combinado.
- No vaciar residuos líquidos en desagües sin autorización.
- Evitar envases de un solo uso y reutilizar pulverizadores o recipientes cuando esté permitido.

Muchos productos concentrados permiten reducir envases y transporte, lo que también disminuye la huella ambiental de las operaciones.

Otro aspecto relevante es que una buena organización del trabajo contribuye directamente a minimizar residuos, tiempos muertos y consumo de recursos:

- Agrupar tareas por zonas para evitar desplazamientos innecesarios.
- Planificar la limpieza en función del nivel real de suciedad, y no por rutina automática.
- Revisar los equipos antes de su uso para detectar averías que puedan generar desperdicio.
- Separar los residuos generados durante las tareas (papel, envases, material contaminado, etc.).
- Reutilizar materiales (bayetas, mopas, contenedores) siempre que sea seguro y autorizado.

 **Ejemplo**

El responsable de mantenimiento planifica la limpieza semanal de zonas comunes utilizando productos multiusos concentrados, organiza al personal por zonas, establece turnos rotativos y reduce a la mitad el volumen de agua empleada gracias a fregonas de microfibra reutilizables.

Durante las tareas de mantenimiento básico (limpieza, reparación, sustitución de materiales, uso de productos químicos), se generan diversos residuos que deben gestionarse de forma adecuada. Una gestión correcta de los residuos implica no solo deshacerse de ellos, sino clasificarlos, manipularlos con seguridad, almacenarlos temporalmente de forma controlada y entregarlos a gestores autorizados cuando sea necesario.

El incumplimiento de estas prácticas puede acarrear sanciones legales, contaminación ambiental o accidentes laborales.

Por su parte, la separación en origen es el primer paso para una correcta gestión.

Fig. 27. Cada residuo debe colocarse en el contenedor o recipiente correspondiente, evitando mezclas que impidan su valorización o tratamiento adecuado

En la separación y recogida se debe:

- Colocar contenedores diferenciados y señalizados para cada tipo de residuo.
- Utilizar bolsas o cubos específicos para residuos contaminantes o químicos.
- Recoger los residuos al finalizar cada intervención, evitando su acumulación.
- Identificar y etiquetar los residuos peligrosos conforme a su naturaleza.
- Evitar que los residuos entren en contacto con personas no autorizadas, superficies limpias o alimentos.

El almacenamiento temporal debe realizarse en zonas cerradas, ventiladas, con bandejas de contención si existe riesgo de derrames, y alejadas de fuentes de calor o materiales combustibles.

Los residuos generados en mantenimiento pueden clasificarse en residuos no peligrosos y residuos peligrosos, en función de su composición y su efecto sobre la salud o el medio ambiente.

A. Residuos no peligrosos

Son aquellos que no presentan riesgos especiales y pueden depositarse en los circuitos de reciclaje o eliminación convencionales.

Algunos ejemplos frecuentes son:

- Envases vacíos no contaminados (plástico, cartón, vidrio).
- Papeles, etiquetas, cajas y embalajes.
- Bayetas, mopas, estropajos y textiles reutilizables deteriorados.
- Escombros menores (yeso, azulejos rotos, juntas secas).
- Repuestos inertes (bombillas LED, juntas de goma limpias).

Siempre que sea posible, estos residuos deben separarse para su reciclaje, depositándolos en los contenedores correspondientes (amarillo, azul, verde, gris).

B. Residuos peligrosos

Son residuos que contienen sustancias químicas, biológicas o materiales potencialmente tóxicos, y requieren un tratamiento especial. Su mal manejo puede generar contaminación, intoxicaciones o daños estructurales.

Algunos residuos peligrosos comunes en mantenimiento son:

- Restos de productos químicos, como desinfectantes, insecticidas o rodenticidas.
- Envases contaminados (botellas, pulverizadores, latas con restos).
- Filtros usados, discos abrasivos, mopas con residuos tóxicos.
- Baterías, pilas o equipos electrónicos con componentes contaminantes.
- Lámparas fluorescentes o halógenas (por su contenido en mercurio o metales).
- Trapos o papel impregnado con aceites, disolventes o productos inflamables.

Fig. 28. Los residuos peligrosos deben depositarse en contenedores cerrados, señalizados y separados del resto

La recogida debe realizarse por gestores de residuos peligrosos autorizados y, si procede, anotarse en el registro de producción de residuos del centro.

 **Ejemplo**

Durante la limpieza profunda de una sala técnica, el personal genera envases vacíos de desinfectante, un filtro HEPA usado, varias bayetas contaminadas y un envase con restos de insecticida en gel. El responsable separa los residuos: los envases no contaminados van al contenedor amarillo, mientras que el envase con restos y el filtro se almacenan en el contenedor rojo de residuos peligrosos, debidamente etiquetado y aislado.

8. Tipos, componentes y uso de pequeña maquinaria y equipos utilizados en el mantenimiento de instalaciones

El uso de pequeña maquinaria especializada permite mejorar la eficiencia, rapidez y calidad de las tareas de limpieza y mantenimiento en instalaciones.

Fig. 29. La pequeña maquinaria de mantenimiento está diseñada para realizar acciones repetitivas o intensivas con menor esfuerzo físico y mayor eficacia que los métodos manuales, especialmente en superficies amplias o de difícil acceso

Los operarios deben conocer los tipos más frecuentes de maquinaria, sus componentes básicos y el uso correcto para evitar averías, maximizar su vida útil y garantizar la seguridad durante la operación.

A continuación, se describen los equipos más comunes, junto con su uso habitual en tareas de mantenimiento básico.

Equipo	Función principal	Ámbitos de uso
Rotativas (monodisco)	Fregar, decapar, abrillantar o pulir suelos mediante un único disco rotatorio.	Oficinas, pasillos, instalaciones deportivas, colegios
Fregadoras automáticas	Lavar y aspirar suelos en una sola pasada, combinando cepillos, agua y aspiración.	Superficies extensas: supermercados, centros logísticos, parkings cubiertos
Abrillantadoras	Pulido y mantenimiento del brillo en pavimentos de mármol, terrazo o granito.	Zonas de acceso, vestíbulos, portales, edificios institucionales
Hidrolimpiadoras	Limpieza con agua a presión de superficies exteriores, suelos industriales, fachadas o maquinaria.	Patios, talleres, zonas de carga, entornos agrícolas o técnicos

Anotación

Aunque cada equipo tiene una función específica, algunos modelos permiten intercambiar discos o accesorios para adaptarse a múltiples tareas (por ejemplo, una rotativa con disco de fregar o de pulir).

Aunque cada equipo tiene particularidades técnicas, comparten una serie de componentes fundamentales que deben conocerse para su correcta manipulación:

Componente	Descripción
Motor eléctrico	Impulsa el giro del disco, la bomba de presión o la aspiración. Puede variar en potencia según el uso.
Disco o cepillo rotatorio	Superficie activa del equipo. Varía en dureza, textura y función (fregado, decapado, pulido).
Depósitos	Reservorios de agua limpia y sucia (en fregadoras) o productos químicos. Pueden estar integrados o externos.
Panel de control o empuñadura	Permite ajustar velocidad, presión o flujo de agua/producto. Incluye pulsadores de seguridad.
Boquillas o lanzas	En el caso de las hidrolimpiadoras, permiten aplicar el agua a presión. Pueden intercambiarse según el tipo de limpieza.
Ruedas y sistema de tracción	Facilitan el movimiento del equipo, especialmente en los modelos autopropulsados o de gran tamaño.

Ejemplo

En un centro comercial, se utiliza una fregadora automática con doble depósito, disco de fregado blando y motor de aspiración integrado. El operario ajusta la dosificación del producto desde el panel de control y realiza el mantenimiento diario limpiando el filtro de recuperación de agua sucia tras cada uso.

Antes de iniciar el uso de cualquier equipo de limpieza mecanizada, deben seguirse una serie de pasos para preparar la máquina, comprobar su estado y configurarla correctamente:

- Leer siempre el manual de instrucciones del fabricante.
- Verificar el estado del cableado, enchufes o batería si es un modelo inalámbrico.
- Comprobar los depósitos (si los incluye), asegurándose de que contienen agua limpia y producto en la concentración adecuada.

- Ajustar los parámetros del equipo: presión, velocidad, caudal, según el tipo de suelo y el trabajo a realizar.
- Colocar los discos, cepillos o boquillas correspondientes, asegurándose de que están bien fijados.
- Realizar una prueba en una pequeña zona para comprobar que el equipo funciona correctamente y no daña la superficie.

Durante el uso se debe:

1. Mantener una postura ergonómica y sujetar firmemente los mandos.
2. Avanzar con movimientos regulares, sin forzar la máquina.
3. Evitar pasar sobre cables, enchufes o superficies inestables.
4. No dejar el equipo en marcha sin supervisión.

El manejo de estos equipos debe realizarse siguiendo una serie de normas básicas de seguridad, especialmente si se trabaja con agua, electricidad o superficies resbaladizas:

- No utilizar los equipos sobre superficies húmedas si no están diseñados para ello (riesgo eléctrico).
- Desconectar la máquina antes de realizar cualquier ajuste o cambio de componente.
- No manipular los depósitos o partes móviles mientras el equipo esté en funcionamiento.
- Prestar atención a zonas con usuarios o mobiliario, y señalizar el área de trabajo cuando sea necesario.

Fig. 30. Es imprescindible utilizar siempre los EPI adecuados

Después de cada uso, se debe proceder a la limpieza y conservación del equipo para asegurar su durabilidad:

- Vaciar completamente los depósitos de agua limpia y sucia.
- Limpiar los discos, cepillos y boquillas, retirando pelos, fibras o suciedad adherida.
- Pasar un paño húmedo por la carcasa externa del equipo para retirar restos de producto o salpicaduras.
- Secar las partes expuestas al agua para evitar corrosión.
- Guardar la máquina en posición vertical, si es el caso, y en un lugar seco, limpio y ventilado.

Anotación

El cable debe recogerse sin enrollarlo alrededor del equipo (evita torsiones que dañen el aislamiento) y nunca debe colgar de forma que toque el suelo mojado.

Al finalizar la jornada de trabajo, el operario debe seguir una serie de pasos establecidos para dejar la máquina lista para el siguiente uso:

- Registrar cualquier incidencia o avería detectada.
- Desconectar y desenchufar el equipo de la red.

- Lavar los filtros, rejillas o depósitos si el uso ha sido intensivo.
- Comprobar el nivel de desgaste de los cepillos o discos.
- Colocar etiquetas si el equipo está pendiente de mantenimiento o no puede volver a utilizarse.
- Dejar la máquina limpia, ordenada y sin carga eléctrica (en caso de baterías).

 Ejemplo

En un centro educativo, el personal realiza el mantenimiento semanal de una fregadora automática. Se inspeccionan los discos rotatorios, se limpia el filtro de recuperación, se comprueba la batería y se deja anotado en un registro de uso y mantenimiento.

Por último, periódicamente (semanal o mensualmente, según la intensidad de uso), debe realizarse una verificación técnica del equipo, preferiblemente por parte del responsable de mantenimiento:

- Revisión de conexiones eléctricas, enchufes y baterías.
- Comprobación de ruedas, ejes, cepillos, correas y elementos móviles.
- Inspección de fugas en depósitos, bombas o sistemas de dosificación.
- Prueba funcional completa para detectar ruidos, vibraciones o fallos de presión.
- Sustitución de componentes desgastados, con registro de la fecha y tipo de intervención.

Ejemplo

En una escuela infantil con cocina propia y aulas para menores de tres años, el personal de mantenimiento y limpieza debe garantizar un entorno seguro, higiénico y libre de plagas, respetando al mismo tiempo la sensibilidad de los usuarios y las normativas de seguridad química.

Para lograrlo, se ha diseñado un protocolo basado en la clasificación y uso correcto de los productos, atendiendo a su función, forma de aplicación y principios activos:

1. Para la limpieza general de suelos y mobiliario, se utiliza un detergente neutro líquido con tensioactivos no iónicos, compatible con fregadoras automáticas y sin perfume, para evitar alergias. La etiqueta especifica su pH equilibrado y su aplicación en superficies no porosas.
2. En los baños infantiles, se aplica un detergente desinfectante espumoso, que combina amonios cuaternarios con tensioactivos catiónicos. Se deja actuar 5 minutos antes del aclarado, siguiendo las recomendaciones de la ficha técnica. El producto está debidamente etiquetado con pictogramas de irritante y uso exclusivo profesional.
3. Para el control puntual de hormigas detectadas en la zona exterior del comedor, se emplea un gel insecticida de aplicación localizada, con regulador del crecimiento y efecto retardado. Su uso está restringido a grietas, fuera del alcance de los niños, y se registra cada aplicación en una ficha de control.
4. Todos los productos se almacenan en un cuarto ventilado, separado de alimentos y material escolar, con estanterías metálicas etiquetadas por tipo de riesgo (inflamable, corrosivo, irritante). Las fichas de datos de seguridad (FDS) están archivadas en un lugar visible y accesible para el personal.
5. Además, se dispone de bandejas de contención para productos líquidos y se evita la mezcla de productos incompatibles. Por ejemplo, nunca se usan de forma simultánea productos con hipoclorito y productos con amoníaco, para prevenir la emisión de gases tóxicos.

Resumen

El mantenimiento básico de instalaciones comprende un conjunto de acciones rutinarias de limpieza, revisión, conservación y pequeñas reparaciones, cuyo objetivo es asegurar el buen estado, funcionalidad y seguridad de los espacios de trabajo, zonas comunes o áreas técnicas. Entre los elementos importantes se encuentran tanto las protecciones estructurales de las instalaciones como los medios destinados a la seguridad personal del operario. Las barreras físicas, cantoneras, protectores de suelos, sistemas de cierre o protección contra humedad, polvo e impactos son esenciales para conservar la integridad física del entorno.

Un aspecto fundamental es el uso de Equipos de Protección Individual (EPI), cuya función es proteger al trabajador frente a riesgos concretos. Los guantes, mascarillas, gafas, ropa de protección y calzado adecuado deben seleccionarse en función de la tarea a realizar y del nivel de riesgo. Es obligatorio que todos los EPI estén homologados y correctamente utilizados como última barrera de protección.

En las tareas de limpieza y desinfección, se utilizan útiles manuales (mopas, cepillos, bayetas, carros, etc.) y equipos eléctricos como fregadoras automáticas, aspiradoras o vaporetas. Estos equipos incorporan depósitos, filtros, motores, boquillas y accesorios intercambiables, cuya correcta limpieza y mantenimiento prolonga su vida útil y garantiza su eficacia. Cada uno requiere una configuración adecuada, una dosificación correcta de productos y una atención especial a los protocolos post-uso.

El mantenimiento también implica el uso de herramientas manuales (destornilladores, alicates, llaves, martillos, niveles) y materiales auxiliares como tornillería, adhesivos, juntas o lubricantes, que permiten realizar ajustes básicos y pequeñas reparaciones. Además, se emplea pequeña maquinaria eléctrica no especializada como taladros, lijadoras, lámparas portátiles y detectores de tensión para tareas más específicas.

Un bloque fundamental lo constituyen las operaciones de desinfección, desinsectación y desratización, cada una con su objetivo: eliminar microorganismos, controlar plagas de insectos o erradicar roedores. Estas intervenciones pueden aplicarse mediante métodos físicos (trampas, calor, barreras), químicos (biocidas, insecticidas, rodenticidas) o biológicos (feromonas, depredadores naturales, bacterias entomopatógenas). Su ejecución debe seguir una secuencia: preparación, aplicación, ventilación, limpieza y verificación, prestando atención a zonas críticas y evitando errores como mezclas indebidas o uso excesivo de producto.

Los productos utilizados en estas tareas se presentan en distintas formas (líquidos, sólidos, geles, espumas, aerosoles) y contienen principios activos específicos como tensioactivos, bactericidas, virucidas o repelentes. El personal debe conocer su composición, condiciones de uso, tiempos de acción e incompatibilidades. El correcto etiquetado y almacenamiento es esencial para evitar riesgos, especialmente cuando se trata de sustancias peligrosas. Deben almacenarse en lugares ventilados, alejados de fuentes de calor, correctamente clasificados y fuera del alcance de personas no autorizadas.

Las buenas prácticas medioambientales deben estar presentes en todas las tareas. El uso racional del agua, la energía y los productos, así como la planificación eficiente del trabajo y la reducción de residuos, son elementos clave para una gestión sostenible. La separación y recogida adecuada de residuos, tanto peligrosos como no peligrosos, debe realizarse conforme a la normativa vigente, con especial atención a los envases contaminados, productos químicos sobrantes, filtros usados y materiales con riesgo biológico.

Por último, el uso de pequeña maquinaria especializada como rotativas, fregadoras, abrillantadoras o hidrolimpiadoras exige una puesta en marcha segura, un manejo cuidadoso, protocolos de limpieza post-uso y un programa de mantenimiento preventivo. Seguir estas normas garantiza la eficiencia del servicio, la protección del operario y la conservación de los recursos materiales y energéticos.

Glosario

Abrillantadora

Máquina eléctrica destinada al pulido y mantenimiento del brillo en suelos de mármol, terrazo o granito, mediante discos rotatorios.

Amonios cuaternarios

Grupo de compuestos químicos con acción desinfectante y bactericida, frecuentemente presentes en productos para entornos sanitarios o alimentarios.

Desinfección

Proceso destinado a eliminar o inactivar microorganismos patógenos en superficies, objetos o ambientes, sin necesidad de eliminar suciedad visible.

Desinsectación

Intervención cuyo objetivo es eliminar o controlar poblaciones de insectos, tanto voladores como rastreros, en entornos habitados o técnicos.

Desratización

Conjunto de técnicas y métodos para prevenir, controlar o erradicar roedores (ratas y ratones) en instalaciones y espacios adyacentes.

Detergente

Producto químico con acción limpiadora, capaz de eliminar suciedad orgánica e inorgánica mediante tensioactivos, sin necesariamente desinfectar.

EPI (Equipo de Protección Individual)

Conjunto de prendas y accesorios destinados a proteger al trabajador frente a riesgos físicos, químicos o biológicos durante su actividad.

Fregadora automática

Máquina de limpieza que lava, cepilla y aspira superficies de suelo en una sola pasada, utilizada en áreas amplias o de uso intensivo.

Feromonas

Sustancias químicas naturales utilizadas en métodos biológicos de control de plagas, que actúan como atrayentes o inhibidores del comportamiento reproductivo de los insectos.

Filtro HEPA

Tipo de filtro de alta eficiencia que retiene partículas microscópicas como polvo fino, ácaros o bacterias, presente en aspiradoras profesionales.

Gestión de residuos

Conjunto de acciones destinadas a separar, recoger, almacenar y eliminar los residuos generados en tareas de mantenimiento, cumpliendo la normativa vigente.

Hidrolimpiadora

Equipo que aplica agua a alta presión para limpiar suelos exteriores, fachadas, maquinaria o zonas técnicas con gran adherencia de suciedad.

Incompatibilidad química

Situación en la que la mezcla de dos o más productos puede generar reacciones peligrosas, pérdida de eficacia o liberación de gases tóxicos.

Insecticida

Sustancia química diseñada para matar o repeler insectos, disponible en forma de gel, aerosol, cebo, nebulizador u otras formulaciones.

Lejía (Hipoclorito sódico)

Desinfectante químico de amplio espectro con acción virucida, bactericida y fungicida, efectivo en concentraciones adecuadas y con limitaciones por su toxicidad.

Mopa

Útil manual compuesto por un soporte plano y un recambio textil, utilizado para el barrido o fregado de suelos, especialmente en grandes superficies.

Producto biocida

Sustancia o mezcla que tiene como finalidad destruir, repeler o controlar organismos nocivos, tales como bacterias, insectos o roedores.

Rodenticida

Producto químico formulado para eliminar roedores, normalmente en forma de cebo con anticoagulante, y de uso restringido por su peligrosidad.

Rotativa (monodisco)

Máquina de uso profesional dotada de un disco rotatorio que frega, decapa, pule o abrillanta distintas superficies de suelo.

Tensioactivo

Componente de los detergentes que disminuye la tensión superficial del agua, facilitando la eliminación de grasas y suciedad.

Trampa de monitoreo

Dispositivo diseñado para detectar la presencia de plagas, generalmente mediante atrayentes como feromonas, sin función letal directa.

Ejercicios de autoevaluación

1. **¿Qué tipo de limpieza se puede realizar sin productos químicos?**

   a. Pulverización con desinfectante.

   b. Aplicación de hipoclorito.

   c. Limpieza con vapor a alta temperatura.

   d. Fregado con detergente ácido.

2. **¿Cuál es un objetivo común de la desratización?**

   a. Evitar el crecimiento bacteriano.

   b. Repeler insectos voladores.

   c. Eliminar roedores en instalaciones.

   d. Neutralizar olores persistentes.

3. **¿Qué debe hacerse antes de aplicar cualquier producto de limpieza o desinfección?**

   a. Limpiar el equipo.

   b. Leer la ficha técnica y etiquetado del producto.

   c. Ventilar las zonas comunes.

   d. Mezclarlo con otro para potenciarlo.

4. **¿Qué componente está presente en casi todos los detergentes?**

   a. Tensioactivos.

   b. Anticoagulantes.

   c. Feromonas.

   d. Sulfitos.

5. ¿Cuál es una buena práctica para el uso racional del agua?

   a. Aplicar el producto con manguera a presión.

   b. Fregar con el grifo abierto.

   c. Utilizar productos en grandes cantidades.

   d. Usar sistemas de dosificación y cubos cerrados.

6. ¿Qué tipo de señal debe colocarse en una zona recién fregada?

   a. Señal de fuego.

   b. Señal de acceso permitido.

   c. Señal de suelo mojado o resbaladizo.

   d. Señal de peligro eléctrico.

7. ¿Qué herramienta manual se usa para aflojar tuercas?

   a. Destornillador plano.

   b. Llave inglesa.

   c. Nivel de burbuja.

   d. Cepillo de acero.

8. ¿Qué medida es obligatoria cuando se almacenan productos peligrosos?

   a. Apilarlos por colores.

   b. Guardarlos en la cocina.

   c. Etiquetar y señalizar correctamente.

   d. Mezclarlos con detergente neutro.

9. ¿Qué es recomendable hacer tras el uso de una fregadora automática?

   a. Volverla a llenar con producto.

   b. Guardarla sin vaciar los depósitos.

   c. Limpiar los filtros y secar el equipo.

   d. Dejarla enchufada en marcha lenta.

10.¿Qué tipo de residuo es una lámpara fluorescente usada?

    a. Orgánico.

    b. Peligroso.

    c. Reciclable común.

    d. Desechable no contaminante.

U. A. 2. Medidas básicas relacionadas de prevención de riesgos laborales y de protección medioambiental

Introducción

La actividad de limpieza en instalaciones no solo implica conocimientos sobre productos, equipos y técnicas de mantenimiento, sino también la aplicación rigurosa de medidas de prevención de riesgos laborales y protección medioambiental. Estas medidas son fundamentales para garantizar la seguridad del personal que realiza las tareas, así como la conservación del entorno en el que se trabaja.

Durante las tareas cotidianas pueden surgir múltiples riesgos laborales, desde resbalones y caídas hasta intoxicaciones por el uso indebido de productos químicos. De igual forma, un manejo inadecuado de estos productos o de los residuos generados puede suponer un impacto ambiental negativo, afectando tanto al entorno natural como al cumplimiento de la normativa vigente.

Esta unidad proporciona las claves básicas para identificar los riesgos más comunes en las tareas de mantenimiento y limpieza, aplicar medidas preventivas eficaces, utilizar de forma segura los productos y equipos, y adoptar buenas prácticas ambientales. Todo ello resulta imprescindible para promover entornos de trabajo más seguros, saludables y sostenibles.

Objetivos

- Identificar los principales riesgos laborales asociados a las tareas de limpieza y mantenimiento de instalaciones.
- Reconocer las medidas preventivas básicas para evitar accidentes y minimizar daños durante la ejecución de estas tareas.
- Aplicar correctamente las normas de seguridad y salud en el uso de productos de limpieza, maquinaria y utensilios.
- Aprender a utilizar los equipos de protección individual (EPI) adecuados según el tipo de tarea a desarrollar.
- Adoptar buenas prácticas medioambientales relacionadas con el uso eficiente de recursos y la correcta gestión de residuos.
- Identificar la importancia de cumplir con la normativa ambiental y de prevención de riesgos en el entorno profesional.

1. Riesgos y prevención de accidentes y daños en el uso de instalaciones

En las tareas de limpieza y mantenimiento de instalaciones, las condiciones del entorno, los productos utilizados y la forma de ejecutar el trabajo pueden generar situaciones peligrosas. Es, por tanto, necesario identificar los principales riesgos, así como las medidas preventivas que deben adoptarse para evitarlos o minimizar sus consecuencias.

Antes de profundizar en los distintos tipos de riesgo, conviene aclarar algunos conceptos fundamentales:

- **Riesgo laboral**: probabilidad de que un trabajador sufra un daño derivado del trabajo.

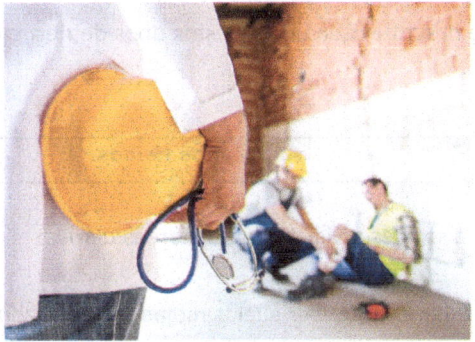

Fig. 1. El riesgo laboral está relacionado con la exposición a peligros que pueden causar accidentes o enfermedades

- **Accidente de trabajo**: suceso inesperado que ocurre durante el trabajo y que produce un daño físico o psicológico al trabajador.
- **Daño derivado del trabajo**: toda lesión, enfermedad, deterioro o pérdida de la salud ocasionada por condiciones laborales inseguras.
- **Prevención de riesgos laborales**: conjunto de acciones y medidas destinadas a evitar o reducir los riesgos laborales, protegiendo así la salud y la integridad del trabajador.

Estos conceptos son fundamentales para comprender por qué es necesario aplicar medidas preventivas en cualquier tarea, incluso en aquellas que pueden parecer rutinarias o poco peligrosas, como algunas operaciones de limpieza.

Los principales tipos de riesgos a los que están expuestos los trabajadores durante las labores de mantenimiento y limpieza de instalaciones son:

- **Riesgos físicos**: derivados de caídas, cortes, golpes o atrapamientos.
- **Riesgos químicos**: provocados por el contacto o la inhalación de productos peligrosos.
- **Riesgos ergonómicos**: relacionados con posturas forzadas o esfuerzos físicos repetitivos.
- **Riesgos eléctricos y mecánicos**: asociados al uso de equipos y maquinaria.
- **Riesgos biológicos**: por contacto con agentes contaminantes o infecciosos.

A continuación, se describe cada uno de estos tipos de riesgo con mayor detalle:

A. Riesgos físicos

Estos son los más comunes y visibles en las tareas diarias:

- **Caídas al mismo nivel** por suelos mojados, resbaladizos o con obstáculos.
- **Caídas a distinto nivel**, por ejemplo, al subir escaleras o usar plataformas sin estabilidad.
- **Golpes contra objetos inmóviles** como mesas, estanterías, marcos de puertas, etc.
- **Cortes o pinchazos** al manipular herramientas, cristales o materiales punzantes.
- **Atrapamientos** con puertas automáticas, elementos móviles de maquinaria o carros.

Ejemplo

Una trabajadora de limpieza resbala en una rampa de acceso mal señalizada que acaba de ser fregada, sufriendo un esguince.

B. Riesgos químicos

Estos riesgos están asociados al uso y manipulación de productos de limpieza que contienen sustancias potencialmente peligrosas:

- **Irritación o quemaduras en piel y ojos**, causadas por contacto directo con productos cáusticos o ácidos.
- **Inhalación de vapores tóxicos**, especialmente en espacios mal ventilados.
- **Reacciones adversas por mezclas indebidas** (por ejemplo, lejía con amoniaco).

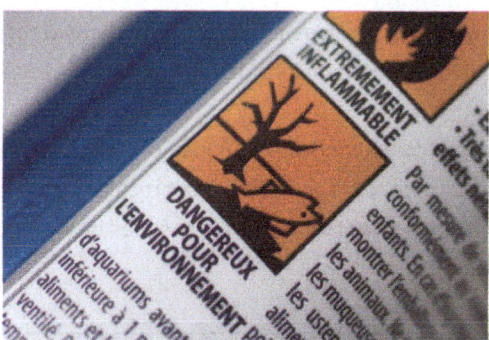

Fig. 2. Los riesgos químicos se incrementan si no se siguen las indicaciones del etiquetado o se reutilizan envases sin marcar

C. Riesgos ergonómicos

Las posturas mantenidas durante largos periodos o los movimientos repetitivos pueden generar sobrecarga física:

- **Dolores musculares y articulares** en espalda, hombros y muñecas.
- **Fatiga física** por tareas prolongadas o mal planificadas.
- **Lesiones por levantar pesos sin técnica adecuada**.

Ejemplo

Una mala posición al escurrir la fregona de forma repetida puede desencadenar una tendinitis en el codo o una lumbalgia.

D. Riesgos eléctricos y mecánicos

En la limpieza con maquinaria, como aspiradoras, fregadoras o rotativas, pueden surgir accidentes eléctricos o por funcionamiento defectuoso:

- **Electrocución** por conexiones inadecuadas o cables dañados.
- **Quemaduras** por contacto con motores sobrecalentados.
- **Enganches o atrapamientos** en partes móviles de los equipos.

E. Riesgos biológicos

En algunos entornos (hospitales, baños públicos, industrias alimentarias...), el personal puede estar expuesto a microorganismos peligrosos:

- **Contagio de enfermedades** por contacto con superficies contaminadas, residuos sanitarios o materiales biológicos.

- **Reacciones alérgicas** ante esporas, polvo acumulado o sustancias de origen natural.

Para facilitar la comprensión de los distintos tipos de riesgo, se puede resumir la clasificación en la siguiente tabla:

Tipo de riesgo	Ejemplos comunes en limpieza y mantenimiento	Posibles consecuencias
Físico	Resbalones, caídas, cortes, golpes	Esguinces, fracturas, heridas
Químico	Contacto con productos irritantes, inhalación de vapores	Quemaduras, intoxicaciones, alergias
Ergonómico	Posturas forzadas, movimientos repetitivos, sobreesfuerzo	Dolores musculares, lesiones crónicas
Eléctrico/Mecánico	Uso de maquinaria defectuosa o mal conectada	Electrocución, atrapamientos, quemaduras
Biológico	Contacto con residuos biológicos o superficies contaminadas	Infecciones, reacciones alérgicas

Anotación

Esta clasificación es orientativa. La evaluación de riesgos debe considerar las condiciones reales de cada instalación y tarea.

Una vez identificados los riesgos más frecuentes en las tareas de limpieza y mantenimiento, es fundamental aplicar medidas preventivas que reduzcan la probabilidad de accidentes o daños.

Se entiende por **medida preventiva** cualquier acción, norma o procedimiento que tiene como objetivo eliminar o reducir la probabilidad de que ocurra un accidente, incidente o enfermedad profesional. Estas medidas pueden aplicarse antes, durante o después de una tarea, y deben integrarse en la rutina diaria de trabajo como parte natural del comportamiento profesional.

En el contexto de las actividades de limpieza en instalaciones, las medidas preventivas más relevantes son:

- **Mantener el orden y la limpieza del entorno de trabajo**: evitar obstáculos, superficies resbaladizas o elementos fuera de lugar.
- **Señalizar adecuadamente las zonas de trabajo**: alertar sobre peligros temporales como suelos mojados o productos químicos en uso.
- **Revisar periódicamente el estado de las instalaciones y los equipos**: garantizar que todo funcione correctamente antes de su uso.
- **Aplicar procedimientos seguros en la ejecución de las tareas**: seguir pasos establecidos, evitar improvisaciones y cumplir normas de seguridad.
- **Comunicar los riesgos e incidencias detectadas**: informar a los responsables de cualquier deficiencia o situación de peligro.

A continuación, se muestran ejemplos de cada una de ellas:

A. Mantener el orden y la limpieza como base de la prevención

La organización del espacio de trabajo es una de las acciones más eficaces para evitar accidentes:

- Retirar inmediatamente objetos innecesarios del suelo o zonas de paso.
- Guardar herramientas y productos en lugares asignados.
- Evitar el uso de pasillos o escaleras como zonas de almacenamiento temporal.
- Recoger los derrames y secar suelos mojados en cuanto se detecten.

Ejemplo

Dejar el cubo de la fregona en medio del pasillo aumenta el riesgo de tropiezos tanto para trabajadores como para usuarios.

B. Señalizar adecuadamente las zonas de trabajo

La señalización preventiva es vital cuando se están realizando tareas de limpieza:

- Delimitar zonas peligrosas con cintas o vallas temporales.
- Retirar la señalización solo cuando el peligro haya desaparecido (p. ej., cuando el suelo esté completamente seco).

Fig. 3. Colocar señales de advertencia como "suelo mojado" o "zona en mantenimiento" visibles desde todos los ángulos es parte de la señalización preventiva

C. Revisar el estado de instalaciones y equipos

La prevención también depende de comprobar regularmente que el entorno y los elementos de trabajo están en condiciones óptimas:

- Verificar que no hay cables sueltos, enchufes rotos o iluminación insuficiente.
- Comprobar que las máquinas funcionan correctamente y no presentan partes sueltas o dañadas.
- Controlar la fecha de caducidad y estado de los productos químicos.

No debe utilizarse maquinaria defectuosa ni productos deteriorados, ya que su uso aumenta el riesgo de accidente.

D. Aplicar procedimientos seguros de actuación

El personal debe conocer y respetar los **protocolos internos** para trabajar con seguridad:

- Seguir paso a paso los procedimientos definidos para cada tarea.
- No improvisar usos de maquinaria, ni aplicar productos sin estar formados para ello.
- Evitar trabajar solos en situaciones de riesgo (p. ej., en espacios cerrados o zonas elevadas).

Fig. 4. Es muy importante conocer los protocolos de actuación ante emergencias (incendio, derrames, accidentes)

E. Informar y comunicar los riesgos

La prevención es más eficaz cuando hay una cultura preventiva compartida:

- Comunicar al responsable cualquier deficiencia detectada en equipos o instalaciones.
- Informar de los accidentes, incluso los que no causan lesiones, para analizar sus causas.
- Participar en actividades formativas sobre seguridad y salud laboral.

Anotación

La implicación de todos los trabajadores en la prevención ayuda a detectar riesgos que podrían pasar desapercibidos para la supervisión técnica.

El uso de productos químicos es una parte habitual en las tareas de limpieza y mantenimiento de instalaciones. Sin embargo, su manipulación conlleva riesgos que deben gestionarse correctamente para proteger tanto la salud de las personas como el entorno.

La aplicación segura de estos productos requiere formación, atención a las instrucciones del fabricante y cumplimiento estricto de las normas de prevención.

Todos los productos de limpieza deben llevar una etiqueta clara y normalizada según el Reglamento CLP (Clasificación, Etiquetado y Envasado).

Esta etiqueta incluye:

- Nombre comercial del producto.
- Pictogramas de peligro, como los que se muestran a continuación.
- Frases H (peligros) y frases P (consejos de prudencia).
- Indicaciones de peligro específicas: corrosivo, tóxico, irritante, inflamable, etc.
- Datos del fabricante y teléfono de emergencia.

Ejemplo

Un desinfectante puede incluir el pictograma de corrosivo (ácido fuerte) y las frases: "H314: Provoca quemaduras graves en la piel y lesiones oculares graves" y "P280: Llevar guantes y protección ocular".

Además de la etiqueta, es obligatorio que cada producto disponga de su correspondiente Ficha de Datos de Seguridad (FDS), que aporta información detallada sobre:

- Composición química.
- Riesgos para la salud y el medioambiente.
- Medidas de protección personal.
- Actuación en caso de accidente o derrame.

Las FDS deben estar disponibles en el lugar de trabajo y consultarse antes del uso del producto.

Por otro lado, el almacenamiento seguro de productos químicos evita accidentes y facilita su localización:

- Guardar los productos en lugares ventilados, fuera del alcance de personas no autorizadas, especialmente menores.
- No mezclar envases abiertos ni traspasar productos a envases no identificados.
- Almacenar separados los productos ácidos y básicos, así como los inflamables.
- Utilizar estanterías estables con cubetas de contención en caso de derrames.
- Mantener los productos cerrados y etiquetados en todo momento.

Es importante recordar que el desorden en el almacén de productos puede aumentar tanto el riesgo químico como el riesgo de incendios o caídas.

Durante la aplicación de productos químicos deben seguirse precauciones básicas:

- Leer siempre las instrucciones del fabricante antes del uso.
- Diluir los productos según las indicaciones, preferiblemente con sistemas de dosificación automáticos.
- Aplicar con los utensilios adecuados (mopa, paño, pulverizador, etc.).
- Usar siempre guantes resistentes y, si es necesario, mascarilla y gafas de protección.
- Evitar la inhalación directa, el contacto con ojos o mucosas y el contacto prolongado con la piel.

- Ventilar adecuadamente el espacio si se trabaja con productos volátiles.

 **Ejemplo**

En el uso de un limpiador con base de amoniaco, debe evitarse totalmente su mezcla con lejía, ya que se liberan gases tóxicos (cloraminas) peligrosos para la salud.

Por otro lado, una de las causas más comunes de accidentes en limpieza es la mezcla inadecuada de productos. Por ello, se debe recordar lo siguiente:

- Nunca mezclar productos de marcas diferentes si no se conoce su composición.
- Evitar mezclar lejía con amoniaco, ácidos con productos clorados, o desinfectantes con detergentes que puedan reaccionar.
- Recordar que algunas reacciones no producen olor ni espuma visibles, pero sí pueden liberar gases tóxicos invisibles.

 Anotación

En caso de duda, consultar siempre con el responsable de prevención o con la información del fabricante.

Por su parte, el uso de **Equipos de Protección Individual (EPI)** constituye una medida preventiva esencial para reducir los riesgos a los que están expuestos los trabajadores durante las tareas de limpieza y mantenimiento. Aunque los EPI no eliminan el peligro, sí protegen directamente al trabajador frente a posibles daños derivados de la exposición a agentes físicos, químicos o biológicos.

Fig. 5. La correcta selección, uso y mantenimiento de EPIs es imprescindible para su efectividad

En función del tipo de tarea y del riesgo al que se expone el trabajador, se deben emplear uno o varios de los siguientes EPI:

Tipo de EPI	Función principal	Ejemplos de uso común
Guantes de protección	Proteger las manos frente a productos químicos o cortes	Manipulación de detergentes, recogida de residuos
Gafas de seguridad	Evitar salpicaduras en los ojos	Uso de productos pulverizados o corrosivos
Mascarillas	Proteger las vías respiratorias de vapores o partículas	Limpieza con cloro, amoníaco o polvo acumulado
Calzado antideslizante	Evitar caídas en superficies húmedas	Fregado de suelos, trabajo en cocinas o baños
Ropa de trabajo	Proteger la piel y la ropa personal	Tareas generales de limpieza, mantenimiento básico
Delantal impermeable	Evitar contacto prolongado con líquidos	Trabajo con agua a presión o productos corrosivos
Protectores auditivos	Atenuar el ruido en entornos con maquinaria ruidosa	Uso de fregadoras industriales, aspiradores potentes

 Anotación

Los EPI deben contar con el marcado CE, que garantiza el cumplimiento de los requisitos mínimos de seguridad establecidos por la legislación europea.

No todos los EPI sirven para cualquier tarea.

La elección debe basarse en:

- Tipo de agente peligroso (químico, biológico, físico).
- Duración de la exposición y frecuencia de la tarea.
- Condiciones del entorno (interior, exterior, ventilado, húmedo, etc.).
- Normas específicas de la empresa y evaluación de riesgos.

Para tareas de limpieza en una zona hospitalaria, se deben utilizar guantes desechables, mascarilla y protección ocular frente a agentes biológicos.

Para que los EPI sean eficaces, deben usarse correctamente y mantenerse en buen estado:

- Usarlos desde el inicio hasta el final de la tarea, sin interrupciones.
- Revisarlos antes de cada uso para comprobar que no están rotos, sucios o deteriorados.
- Limpiarlos y desinfectarlos si son reutilizables, siguiendo las indicaciones del fabricante.
- Sustituirlos cuando estén desgastados o hayan perdido su eficacia.
- Guardarlos en un lugar limpio, seco y protegido de la luz solar directa o de productos corrosivos.

Fig. 6. El trabajador tiene la obligación de utilizar los EPI correctamente, y la empresa debe proporcionarlos gratuitamente y asegurarse de que están en condiciones de uso

A pesar de aplicar medidas preventivas, siempre existe la posibilidad de que se produzca un accidente. En estos casos, es fundamental actuar con rapidez, seguridad y eficacia. Una intervención inmediata y adecuada puede reducir la gravedad de las lesiones, evitar complicaciones y, en algunos casos, salvar vidas.

El primer paso ante cualquier accidente es aplicar el **protocolo PAS**:

- **P**roteger.
- **A**visar.
- **S**ocorrer.

Este protocolo debe estar presente en todas las intervenciones básicas de primeros auxilios.

A. Proteger

Antes de actuar, se debe asegurar la zona para evitar que el accidente empeore o que haya más personas lesionadas:

- Cortar el paso de electricidad si hay riesgo eléctrico.
- Evitar el contacto con productos químicos derramados sin protección.

- Señalizar la zona si existe peligro (suelo mojado, riesgo de caída, etc.).

Si una persona ha sufrido una caída y está cerca de maquinaria en funcionamiento, lo primero será desconectar el equipo y mantener a los demás alejados.

B. Avisar

Una vez asegurada la zona, se debe llamar a los servicios de emergencia (112) o, si el accidente es leve, avisar al responsable o al servicio de prevención de la empresa.

Es importante informar claramente:

- Qué ha ocurrido.
- Cuántas personas están implicadas.
- Tipo de lesiones aparentes.
- Lugar exacto del accidente.

C. Socorrer

Si se dispone de conocimientos básicos en primeros auxilios y el entorno es seguro, se puede prestar ayuda inicial:

Tipo de accidente	Actuación inmediata
Corte o herida leve	Lavar con agua y jabón, desinfectar, cubrir con apósito estéril.
Quemadura química	Enjuagar con abundante agua durante al menos 15 minutos.
Proyección en ojos	Lavar con suero fisiológico o agua limpia, sin frotar.
Desmayo o mareo	Tumbar a la persona boca arriba, elevar piernas, asegurar ventilación.
Golpe fuerte o caída	Valorar estado de conciencia y movilidad. No mover si hay sospecha de fractura.
Inhalación de vapores tóxicos	Retirar a la persona a un lugar ventilado. Aflojar ropa, mantener en reposo.

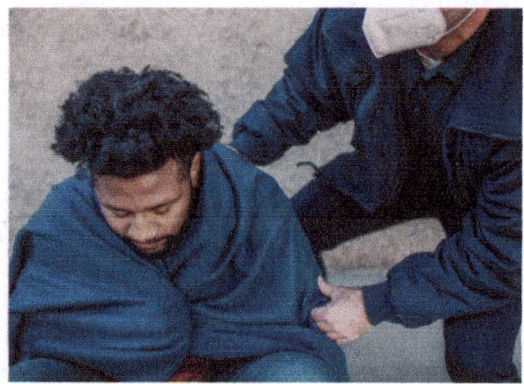

Fig. 7. Es importante recordar que no se deben suministrar medicamentos, ni aplicar cremas o pomadas sin indicación médica

Además, es recomendable que el personal conozca el manejo básico de técnicas de resucitación cardiopulmonar (RCP) y el uso de desfibriladores semiautomáticos (DESA) si existen en la instalación, aunque esto requiere formación específica.

Además, todo accidente, por leve que sea, debe registrarse en los partes de accidentes y notificarse al servicio de prevención o a la mutua correspondiente. Esto permite analizar las causas y prevenir que vuelva a suceder.

Ejemplo

Si un trabajador sufre un resbalón recurrente en la misma zona, la empresa debe valorar cambios en la señalización, el pavimento o el procedimiento de trabajo.

El control sistemático de las condiciones en las instalaciones de trabajo es una de las herramientas más eficaces para prevenir riesgos antes de que se materialicen. Estas acciones permiten detectar fallos, corregir comportamientos inseguros y asegurar que se mantienen las condiciones óptimas de seguridad e higiene.
Las inspecciones preventivas deben integrarse en la rutina de trabajo y realizarse con un enfoque proactivo, no reactivo.

En este sentido, destacan:

A. Rondas periódicas de control

Realizar inspecciones visuales y funcionales con frecuencia permite anticiparse a los riesgos.

Estas rondas pueden ser:

- **Diarias**: antes de iniciar la jornada, para verificar el estado de los equipos, la limpieza de zonas comunes y la disponibilidad de EPI.
- **Semanales o mensuales**: para revisar aspectos más estructurales (estado de suelos, iluminación, salidas de emergencia, almacenaje de productos químicos).
- **Extraordinarias**: tras una modificación en el entorno, un accidente o cuando se incorporan nuevas máquinas o productos.

Ejemplo

Detectar a tiempo un cable pelado o una rotura en el mango de una fregona puede evitar una electrocución o una caída.

B. Uso de listados de comprobación (checklists)

Para asegurar que no se olvida ningún aspecto relevante durante la inspección, se recomienda utilizar listas de verificación adaptadas al tipo de instalación. Estas listas pueden incluir puntos como:

- ¿Los suelos están secos y libres de obstáculos?
- ¿Las señales de advertencia son visibles y están actualizadas?
- ¿Se utilizan los productos de limpieza con sus envases etiquetados?
- ¿Los EPI están disponibles y en buen estado?

- ¿Los extintores están accesibles y con revisión vigente?
- ¿Se encuentra limpia y ordenada la zona de almacenaje?

Estos listados deben actualizarse en función de los cambios en los procedimientos o en los productos utilizados.

C. Registro de incidencias y acciones correctivas

Toda anomalía, deterioro o comportamiento inseguro debe anotarse y comunicarse. Es recomendable utilizar un parte de incidencias que incluya:

- Fecha y hora de la observación.
- Descripción clara del problema detectado.
- Zona afectada o equipo relacionado.
- Persona responsable de aplicar la corrección.
- Fecha límite para su resolución.

Una vez corregida la situación, debe verificarse y **cerrarse la incidencia** con la firma del responsable o del supervisor.

 Anotación

Este tipo de registros no solo sirve para actuar sobre fallos puntuales, sino que permite detectar patrones recurrentes y adoptar medidas más amplias de mejora continua.

Resumen

La seguridad y la prevención de riesgos laborales son aspectos fundamentales en las tareas de limpieza y mantenimiento de instalaciones. Estas actividades, aunque rutinarias, implican numerosos peligros que deben ser identificados y controlados. Entre los riesgos más comunes se encuentran los físicos (como caídas, golpes o cortes), los químicos (por el uso de productos irritantes o corrosivos), los ergonómicos (relacionados con posturas forzadas o movimientos repetitivos), los eléctricos o mecánicos (asociados al uso de maquinaria) y los biológicos (por contacto con residuos o agentes infecciosos en entornos sensibles como hospitales o aseos).

La aplicación de medidas preventivas generales ayuda a minimizar estos riesgos. Mantener el orden y la limpieza del espacio de trabajo, señalizar adecuadamente las zonas en las que se está trabajando, revisar periódicamente el estado de los equipos y seguir procedimientos seguros son prácticas básicas para prevenir accidentes. Además, es esencial fomentar una cultura preventiva en la que se informe y se comuniquen las situaciones de riesgo a los responsables.

El uso seguro de productos químicos de limpieza requiere una correcta interpretación de sus etiquetas y de las fichas de datos de seguridad (FDS), que contienen información sobre su composición, riesgos y medidas de actuación en caso de emergencia. Los productos deben almacenarse en condiciones seguras, nunca mezclarse si no se conoce su compatibilidad, y aplicarse siguiendo las instrucciones del fabricante, usando en todo momento el equipo de protección adecuado.

Los Equipos de Protección Individual (EPI) constituyen una barrera directa entre el trabajador y los peligros del entorno. Entre los más utilizados en limpieza se encuentran los guantes, gafas de protección, mascarillas, ropa impermeable y calzado antideslizante. Es obligatorio que los EPI se encuentren en buen estado, se usen de forma continua durante la tarea y se mantengan limpios y listos para el siguiente uso.

En caso de accidente, debe aplicarse el protocolo PAS (Proteger, Avisar, Socorrer). Primero se asegura la zona para evitar nuevos daños, luego se avisa a los servicios de emergencia o al responsable, y por último se presta ayuda al accidentado si se dispone de conocimientos básicos. Algunas de las intervenciones más comunes incluyen el lavado de heridas, la ventilación de espacios ante la inhalación de vapores, o la limpieza ocular en caso de salpicaduras.

Por último, el entorno de trabajo debe someterse a inspecciones preventivas regulares, que permiten detectar riesgos antes de que ocurran. Estas pueden realizarse mediante rondas periódicas, listas de comprobación o registros de incidencias. Los problemas detectados deben anotarse y corregirse, permitiendo no solo resolver fallos puntuales, sino también mejorar los procedimientos y reforzar la seguridad a largo plazo.

Glosario

Accidente laboral

Suceso imprevisto que ocurre en el entorno de trabajo y que puede causar daños a la salud del trabajador o a las instalaciones.

Agente químico

Sustancia o preparado que, por sus propiedades físicas o químicas, puede causar efectos nocivos en el trabajador (ej. irritación, quemaduras, intoxicaciones).

Biológico (riesgo)

Riesgo derivado del contacto con microorganismos como bacterias, virus u hongos, especialmente en entornos sanitarios o con residuos orgánicos.

Check-list (lista de comprobación)

Herramienta de control que permite verificar, punto por punto, si se cumplen las condiciones de seguridad e higiene en una instalación.

Dilución

Proceso de mezclar un producto concentrado con agua, en una proporción determinada, para obtener la solución útil de limpieza.

EPI (Equipo de Protección Individual)

Conjunto de elementos que el trabajador utiliza para protegerse de uno o varios riesgos durante su actividad laboral (ej. guantes, gafas, mascarillas).

FDS (Ficha de Datos de Seguridad)

Documento técnico obligatorio que acompaña a los productos químicos y contiene información sobre riesgos, precauciones, almacenamiento y actuación en caso de emergencia.

Inspección de seguridad

Revisión planificada de equipos, productos o condiciones del entorno laboral con el fin de detectar y prevenir riesgos.

Irritante

Sustancia química que produce inflamación, escozor o daño superficial al entrar en contacto con la piel, ojos o mucosas.

Mezcla peligrosa

Combinación de dos o más productos químicos que genera reacciones tóxicas, explosivas o irritantes. Por ejemplo: mezclar lejía con amoniaco.

Normas de prevención

Conjunto de pautas y procedimientos destinados a evitar accidentes y enfermedades en el entorno laboral.

PAS (Proteger, Avisar, Socorrer)

Protocolo básico de actuación ante un accidente. Primero se protege la zona, luego se da aviso a los servicios de emergencia y, finalmente, se socorre al afectado si es posible.

Pictograma

Símbolo gráfico que advierte sobre el tipo de peligro de un producto químico (ej. corrosivo, inflamable, tóxico).

Producto corrosivo

Sustancia que destruye tejidos vivos o materiales con los que entra en contacto. Requiere el uso de EPI y manipulación cuidadosa.

Producto inflamable

Sustancia que puede arder fácilmente al contacto con una fuente de calor, llama o chispa.

Riesgo ergonómico

Tipo de riesgo derivado de posturas forzadas, movimientos repetitivos o esfuerzos físicos excesivos que afectan al sistema musculoesquelético.

Riesgo físico

Posibilidad de sufrir un daño como caídas, golpes, cortes o atrapamientos derivados del entorno o herramientas.

Señalización preventiva

Sistema de señales visuales o auditivas que indican una situación de riesgo o instrucción de seguridad (ej. "suelo mojado", "no pasar").

Ventilación adecuada

Renovación continua del aire en un espacio cerrado para evitar acumulación de vapores, malos olores o contaminantes.

Ejercicios de autoevaluación

1. ¿Cuál de los siguientes es un riesgo físico común en tareas de limpieza?

    a. Inhalación de vapores.

    b. Caídas por suelos mojados.

    c. Alergia al polvo.

    d. Fatiga mental.

2. ¿Qué medida preventiva básica ayuda a evitar accidentes por resbalones?

    a. Almacenar los productos en estanterías altas.

    b. Señalizar zonas húmedas o mojadas.

    c. Usar productos sin etiqueta.

    d. Retirar los EPIs tras la jornada.

3. ¿Qué indica el pictograma de un producto con una llama?

    a. Producto tóxico.

    b. Producto corrosivo.

    c. Producto inflamable.

    d. Producto presurizado.

4. ¿Qué tipo de EPI se recomienda para evitar salpicaduras químicas en los ojos?

    a. Mascarilla.

    b. Delantal.

    c. Gafas de protección.

    d. Guantes de látex.

5. **¿Cuál de los siguientes productos no debe mezclarse con lejía?**

   a. Agua.
   b. Amoniaco.
   c. Detergente neutro.
   d. Vinagre blanco diluido.

6. **¿Cuál es la primera acción del protocolo PAS en caso de accidente?**

   a. Proteger la zona.
   b. Aplicar primeros auxilios.
   c. Llamar a un compañero.
   d. Dar un calmante.

7. **¿Qué documento contiene información detallada sobre la composición y riesgos de un producto químico?**

   a. Manual de usuario.
   b. Ficha de Datos de Seguridad (FDS).
   c. Guía de almacenaje.
   d. Parte de mantenimiento.

8. **¿Qué riesgo está más relacionado con posturas inadecuadas y movimientos repetitivos?**

   a. Biológico.
   b. Químico.
   c. Físico.
   d. Ergonómico.

9. **¿Cuál es una buena práctica de almacenamiento de productos de limpieza?**

   a. Dejar envases abiertos para su ventilación.

   b. Guardar todos los productos juntos sin separar.

   c. Etiquetar todos los envases correctamente.

   d. Apilar los productos uno sobre otro.

10. **¿Qué EPI es obligatorio para evitar caídas en zonas húmedas?**

   a. Guantes gruesos.

   b. Calzado antideslizante.

   c. Mascarilla autofiltrante.

   d. Gorro impermeable.

U. A. 2. Medidas básicas relacionadas de prevención de riesgos laborales y de protección medioambiental

U. A. 3. Normativa aplicable para utilizar estos productos

Introducción

El uso de productos de limpieza, desinfección, desinsectación y desratización en instalaciones implica el manejo de sustancias químicas que, si no se emplean correctamente, pueden poner en riesgo la salud de las personas, el medio ambiente y la seguridad de las instalaciones. Por este motivo, existe un marco normativo que regula tanto su comercialización como su almacenamiento, manipulación, uso y eliminación.

Este marco está compuesto por diversas normativas a nivel europeo, estatal y autonómico que establecen requisitos técnicos, medidas de prevención, etiquetado, fichas de datos de seguridad (FDS), y obligaciones para los trabajadores y empleadores. Entre las principales normativas destacan el Reglamento (CE) n.º 1272/2008 sobre clasificación, etiquetado y envasado de sustancias y mezclas (CLP), el Reglamento (CE) n.º 1907/2006 sobre el registro, evaluación, autorización y restricción de sustancias químicas (REACH), y la Ley de prevención de riesgos laborales (Ley 31/1995).

Conocer y aplicar esta normativa es fundamental para garantizar un uso responsable y seguro de los productos, así como para cumplir con las exigencias legales en materia de seguridad laboral, protección medioambiental y salud pública. Asimismo, permite desarrollar una actividad profesional en condiciones de legalidad, sostenibilidad y profesionalidad.

Objetivos

- Identificar la normativa básica que regula el uso de productos de limpieza, desinfección, desinsectación y desratización.
- Reconocer los principales reglamentos europeos y nacionales aplicables a productos químicos utilizados en el mantenimiento de instalaciones.
- Interpretar correctamente el etiquetado y la ficha de datos de seguridad (FDS) de los productos empleados.
- Aplicar los principios normativos en el almacenamiento, manipulación y eliminación de productos, garantizando la seguridad y protección del medio ambiente.
- Distinguir las obligaciones legales del trabajador y de la empresa en relación con el uso de productos químicos.
- Identificar cómo cumplir con las medidas preventivas recogidas en la normativa vigente para minimizar los riesgos asociados al uso de estos productos.
- Valorar la importancia del cumplimiento normativo como parte del trabajo responsable y profesional en el ámbito del mantenimiento de instalaciones.

1. Normativa aplicable para utilizar estos productos

El uso de productos de limpieza, desinfección, desinsectación y desratización requiere una atención especial en cuanto a su correcta manipulación, almacenamiento y eliminación, debido a la presencia habitual de sustancias químicas potencialmente peligrosas para la salud humana y el medio ambiente. Para garantizar un uso seguro y responsable, se han establecido diversas normativas a nivel europeo, estatal y autonómico que regulan todo el ciclo de vida de estos productos: desde su fabricación y etiquetado hasta su aplicación y gestión como residuo.

El marco normativo que regula el uso de productos químicos en el ámbito del mantenimiento de instalaciones está definido principalmente por **normas de la Unión Europea**, que son de aplicación directa en todos los Estados miembros. Estas normativas han sido completadas por disposiciones nacionales que adaptan su contenido a los contextos específicos.

Fig. 1. El objetivo común del marco normativo es garantizar la seguridad de los trabajadores, la protección de la salud pública y la preservación del medio ambiente

A continuación, se presentan las principales normativas que regulan la utilización de estos productos:

- **Reglamento (CE) n.º 1907/2006 – REACH:** El **Reglamento REACH** (acrónimo de *Registration, Evaluation, Authorisation and restriction of Chemicals*) establece un sistema integral para el registro, evaluación, autorización y restricción de sustancias químicas. Obliga a los fabricantes e importadores a recopilar información sobre las propiedades de las sustancias químicas que comercializan y a garantizar su uso seguro.

Los objetivos del REACH son:

o   Identificar los peligros de las sustancias químicas.

o   Promover el uso de alternativas menos peligrosas.

o   Proteger la salud humana y el medio ambiente.

 Anotación

Aunque REACH está dirigido principalmente a los fabricantes y distribuidores, los trabajadores también deben conocer su existencia, ya que este reglamento obliga a facilitar Fichas de Datos de Seguridad (FDS) actualizadas y completas para cada producto.

- **Reglamento (CE) n.º 1272/2008 – CLP:** El **Reglamento CLP** (*Classification, Labelling and Packaging*) adapta el Sistema Globalmente Armonizado (SGA) de las Naciones Unidas a la legislación europea. Su función es **clasificar, etiquetar y envasar correctamente las sustancias y mezclas peligrosas** para informar adecuadamente a los usuarios.

Los elementos del etiquetado CLP son esencialmente:

Elemento	Descripción
Pictogramas de peligro	Imágenes estandarizadas que alertan del tipo de riesgo (inflamable, tóxico, corrosivo, etc.).
Frases H	Indican los peligros específicos (ej. H314: Provoca quemaduras graves).
Frases P	Indican precauciones a seguir (ej. P280: Usar guantes de protección).
Palabras de advertencia	"Peligro" o "Atención", según la gravedad.
Información del proveedor	Datos del fabricante o distribuidor responsable.

Ejemplo

Un producto desinfectante de uso habitual puede presentar el pictograma de "corrosivo" y contener la frase H314. Esto indica que debe manipularse con guantes y protección ocular, ya que puede causar quemaduras.

- **Reglamento (UE) 528/2012 – Biocidas:** Este reglamento regula la **comercialización y uso de productos biocidas**, es decir, aquellos destinados a destruir, repeler o controlar organismos nocivos como bacterias, hongos, insectos o roedores.

Incluye productos como:

o Desinfectantes de superficies y utensilios.

o Insecticidas y raticidas.

o Antisépticos para la piel o el entorno.

Las obligaciones destacadas son:

o Solo pueden utilizarse **productos autorizados** que incluyan sustancias activas previamente evaluadas.

o Deben seguirse estrictamente las **condiciones de uso** que figuran en su etiquetado y documentación técnica.

Fig. 2. Utilizar un producto biocida no registrado puede suponer sanciones administrativas y riesgos para la salud y el medio ambiente

- **Normativa nacional complementaria:** Además de la legislación europea, España ha aprobado normativas específicas que regulan aspectos concretos del uso de productos químicos:
  - ○ **Real Decreto 363/1995**: regula la notificación, clasificación y envasado de sustancias peligrosas (pre-CLP, aún relevante para algunos productos).
  - ○ **Ley 8/2010** sobre sanciones en materia de productos químicos peligrosos.
  - ○ **Real Decreto 255/2003**, que regula la ficha de datos de seguridad y otras exigencias de comunicación de peligros.

Anotación

Aunque gran parte de la normativa nacional ha sido sustituida por los reglamentos europeos, sigue vigente en lo relativo a la inspección, sanciones y vigilancia del mercado.

A continuación, se expone un resumen visual de las normativas:

Normativa	Ámbito	Finalidad principal
REACH (CE 1907/2006)	Sustancias químicas	Registro, evaluación y control de sustancias
CLP (CE 1272/2008)	Etiquetado	Clasificación, etiquetado y envasado de productos peligrosos
Biocidas (UE 528/2012)	Productos biocidas	Regulación de su uso y comercialización
RD 363/1995 y otros	Normas españolas	Complemento normativo y medidas de control/sanción

La utilización de productos químicos en labores de limpieza y mantenimiento conlleva una serie de riesgos laborales que deben ser evaluados y controlados mediante la aplicación de medidas preventivas adecuadas. El marco legal que rige esta materia en España establece una serie de obligaciones para las empresas y derechos y deberes para los trabajadores, con el fin de garantizar su seguridad y salud.

Las principales normas que regulan la prevención de riesgos derivados del uso de productos químicos en el trabajo son:

- **Ley 31/1995 de Prevención de Riesgos Laborales:** Esta ley constituye el pilar básico de la normativa española en materia de prevención. Establece la obligación de las empresas de proteger la salud de sus trabajadores, incluyendo:
  o Evaluar los riesgos asociados a los productos utilizados.
  o Informar y formar adecuadamente a los trabajadores.
  o Proporcionar Equipos de Protección Individual (EPI) cuando sea necesario.
  o Garantizar condiciones seguras de almacenamiento, ventilación y manipulación.

 Anotación

El incumplimiento de esta ley puede dar lugar a sanciones administrativas y responsabilidades civiles o penales en caso de accidente laboral.

- **Real Decreto 374/2001 sobre agentes químicos:** Este reglamento desarrolla la ley de prevención en lo relativo a los riesgos por exposición a agentes químicos durante el trabajo.

  Obliga a:
  o Identificar los productos peligrosos.
  o Evaluar la exposición y compararla con los valores límite.
  o Aplicar medidas de control como sustitución, ventilación, señalización, y EPI.
    o Realizar vigilancia de la salud si el riesgo lo requiere.

Los tipos de efectos considerados son:

o **Agudos**: Irritación, intoxicaciones.

o **Crónicos**: Afecciones respiratorias, dermatológicas, sensibilización.

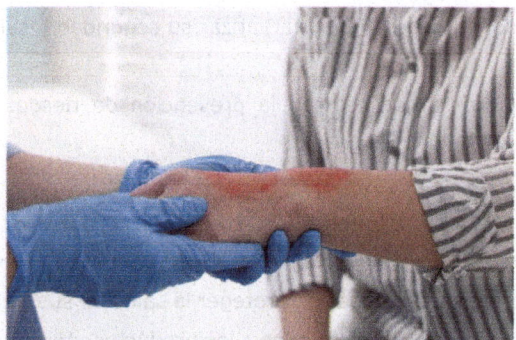

Fig. 3. Una quemadura es un efecto agudo de la exposición a riesgos químicos

 Anotación

El Instituto Nacional de Seguridad y Salud en el Trabajo (INSST) publica anualmente el documento "Límites de Exposición Profesional para Agentes Químicos en España", que sirve de referencia técnica para estas evaluaciones.

- **Formación e información al trabajador:** Tanto la ley como el reglamento exigen que los trabajadores que utilicen productos químicos:

  o Sean informados sobre los peligros específicos de los productos que manejan.

  o Reciban formación sobre su uso seguro, incluyendo lectura de etiquetas y fichas de datos de seguridad (FDS).

  o Conozcan los procedimientos de emergencia, como actuación en caso de contacto o derrame.

Ejemplo

Un operario de limpieza debe saber que, al utilizar un producto con hipoclorito sódico, no debe mezclarlo con amoníaco, ya que puede liberarse gas cloramina, altamente tóxico.

- **Obligaciones del empresario y derechos del trabajador:** Se describen las principales:

Empresario (obligaciones)	Trabajador (derechos y deberes)
Evaluar riesgos	Recibir información y formación
Eliminar o reducir riesgos	Usar correctamente los EPI
Proporcionar medidas de protección	Cumplir las instrucciones de seguridad
Vigilar la salud (cuando proceda)	Comunicar situaciones de riesgo

El etiquetado y la ficha de datos de seguridad (FDS) son los principales instrumentos de información para los trabajadores que manipulan productos químicos. Su correcto conocimiento y comprensión resultan imprescindibles para garantizar un uso seguro, eficaz y conforme a la legislación vigente.

El Reglamento (CE) n.º 1272/2008 (CLP) obliga a los fabricantes y distribuidores a etiquetar todos los productos químicos peligrosos siguiendo una estructura normalizada. Esta etiqueta debe ser clara, visible e indeleble.

Los elementos obligatorios en el etiquetado son:

Elemento	Descripción
Pictogramas de peligro	Símbolos gráficos que representan el tipo de riesgo.
Palabra de advertencia	"Peligro" (más severo) o "Atención" (menos severo).
Frases H (indicaciones de peligro)	Describen los efectos físicos, sobre la salud o el medio ambiente.
Frases P (consejos de prudencia)	Indican medidas preventivas y de respuesta.
Nombre de la sustancia o mezcla	Identificación química del producto.
Datos del proveedor	Nombre, dirección y teléfono del fabricante o distribuidor.

Un producto limpiador con ácido clorhídrico puede presentar el pictograma de "corrosivo", la frase H314 ("Provoca quemaduras graves en la piel y lesiones oculares graves") y la frase P280 ("Llevar guantes y protección ocular").

Fig. 4. El personal debe ser capaz de identificar estos pictogramas a simple vista y actuar en consecuencia, aplicando las medidas de prevención adecuadas

Por otro lado, la FDS es un documento técnico que amplía la información del etiquetado, detallando todas las propiedades, riesgos y medidas de actuación asociadas a un producto químico. Debe entregarse gratuitamente con cualquier producto clasificado como peligroso.

El contenido está estructurado en 16 secciones. Las más relevantes para el personal de limpieza son:

Sección	Contenido útil
1. Identificación	Nombre del producto, uso recomendado y datos del proveedor
2. Identificación de peligros	Riesgos físicos, para la salud y el medio ambiente
4. Primeros auxilios	Qué hacer en caso de contacto, ingestión o inhalación
7. Manipulación y almacenamiento	Condiciones seguras de uso y almacenamiento
8. Control de exposición/EPI	Recomendaciones sobre guantes, gafas y mascarillas
13. Eliminación	Cómo gestionar el residuo de forma segura y legal

Ejemplo

Una FDS puede indicar que un producto debe almacenarse a temperaturas inferiores a 30 °C, en un lugar bien ventilado y fuera del alcance de la luz solar directa.

Por último, resulta útil considerar siempre algunas buenas prácticas en el uso de la información:

- Leer siempre el etiquetado antes de usar un producto.
- Consultar la FDS en caso de duda o cuando se usen productos nuevos.
- Seguir las medidas de protección recomendadas, especialmente en relación con la piel, ojos y vías respiratorias.
- No reutilizar envases ni mezclar productos sin autorización específica.

Toda la información contenida en el etiquetado y la FDS debe estar disponible para los trabajadores en el lugar de trabajo y en un idioma comprensible.

El uso de productos químicos en tareas de limpieza y mantenimiento implica riesgos para la salud humana, y también **impactos ambientales** que deben ser prevenidos mediante una gestión adecuada.

Fig. 5. La normativa medioambiental vigente regula cómo deben almacenarse, utilizarse y eliminarse los productos químicos para evitar la contaminación del agua, del suelo y del aire, y para garantizar una correcta gestión de los residuos peligrosos

La principal referencia en materia de residuos peligrosos es la Ley 7/2022, de 8 de abril, de residuos y suelos contaminados para una economía circular, que establece las obligaciones generales para productores y gestores de residuos, refuerza los principios de la economía circular y promueve la prevención en la generación de residuos y su correcta gestión.

Además, existen normas complementarias como:

- Real Decreto 553/2020, sobre el traslado de residuos.
- Normativa de envases y residuos de envases (Ley 11/1997 y actualizaciones).
- Legislación autonómica en materia de residuos y protección ambiental.

 Anotación

Todos los productos químicos deben valorarse como potenciales contaminantes. Su eliminación debe realizarse nunca por el desagüe o en la basura convencional, sino conforme a las instrucciones del fabricante y la normativa específica.

Muchos productos de limpieza generan residuos peligrosos, ya sea por su contenido químico o por la contaminación de los envases y útiles empleados.

Estos residuos deben:

- Etiquetarse adecuadamente con los símbolos correspondientes.
- Almacenarse en contenedores adecuados y cerrados, resistentes y claramente identificados.
- Transportarse y eliminarse a través de gestores autorizados.

Se describen varios ejemplos de residuos peligrosos:

Tipo de residuo	Ejemplo	Código LER (Lista Europea de Residuos)
Líquidos ácidos o alcalinos usados	Restos de desincrustantes o decapantes	20 01 14*
Envases contaminados	Bidones o botellas con restos de producto	15 01 10*
Absorbentes y trapos contaminados	Bayetas usadas con disolventes	15 02 02*

Ejemplo

Un cubo con restos de un producto decapante y una esponja usada debe considerarse residuo peligroso y recogerse por una empresa autorizada, sin mezclarlo con residuos urbanos.

El almacenamiento de productos y residuos debe cumplir las siguientes condiciones de seguridad:

- Recintos ventilados, protegidos del calor y accesibles solo a personal autorizado.
- Recipientes cerrados, etiquetados y compatibles con el producto almacenado.
- Existencia de cubetos de retención para evitar vertidos accidentales.

Además, es fundamental:

- No mezclar productos incompatibles (ácidos con bases, por ejemplo).
- Tener material absorbente a disposición para controlar derrames.
- Disponer de un protocolo de actuación en caso de incidente ambiental.

A nivel general, como prácticas ambientales en la limpieza, se debe:

- Usar solo la cantidad necesaria de producto, siguiendo las instrucciones del fabricante.
- Preferir productos con etiquetado ecológico (como la etiqueta europea "Ecolabel").
- Planificar las tareas de limpieza de forma que se minimicen residuos y vertidos.
- Realizar una limpieza preventiva que reduzca el uso de productos agresivos.

Fig. 6. El uso de productos ecológicos certificados, con menor impacto ambiental, contribuye también al cumplimiento normativo y a una gestión más sostenible

Mantener los suelos limpios con métodos de barrido en seco reduce la necesidad de fregado con productos químicos, disminuyendo residuos y consumo de agua.

Resumen

El uso de productos químicos en tareas de limpieza y mantenimiento está regulado por un conjunto de normativas que buscan proteger tanto la salud de las personas como el medio ambiente. Estas regulaciones afectan a todos los niveles de la actividad: desde la fabricación y etiquetado del producto hasta su aplicación y eliminación. Para el personal de limpieza, conocer y aplicar esta normativa es un requisito legal y una práctica esencial de seguridad y profesionalidad.

A nivel europeo, los reglamentos REACH (CE 1907/2006) y CLP (CE 1272/2008) constituyen la base legal para la gestión de sustancias químicas. El primero establece un sistema de registro y evaluación de las sustancias comercializadas, obligando a los fabricantes a garantizar su uso seguro. El segundo regula la clasificación, el etiquetado y el envasado, utilizando pictogramas de advertencia, frases de peligro y consejos de prudencia estandarizados. Además, el Reglamento (UE) 528/2012 regula el uso de productos biocidas como desinfectantes, insecticidas o raticidas, exigiendo que estén autorizados y correctamente etiquetados.

A nivel nacional, estas normativas se complementan con leyes y reales decretos que establecen obligaciones adicionales, especialmente en materia de prevención de riesgos laborales. La Ley 31/1995 de Prevención de Riesgos Laborales y el Real Decreto 374/2001 regulan la protección frente a agentes químicos, exigiendo que las empresas evalúen los riesgos, proporcionen formación específica y equipos de protección adecuados, y adopten medidas técnicas que minimicen la exposición del trabajador.

Uno de los elementos clave para la seguridad del trabajador es la correcta interpretación del etiquetado de los productos, el cual debe cumplir con el reglamento CLP. Este incluye pictogramas de peligro, frases H (indicaciones de riesgo) y frases P (consejos de prudencia), así como los datos del proveedor y las instrucciones básicas de uso. Complementariamente, cada producto peligroso debe ir acompañado de una Ficha de Datos de Seguridad (FDS), que detalla información técnica distribuida en 16 secciones. Las más importantes para el personal operativo son las que describen los riesgos, las medidas de primeros auxilios, las condiciones de almacenamiento, los equipos de protección y las instrucciones para la eliminación del producto.

En cuanto a la normativa medioambiental, la Ley 7/2022, de residuos y suelos contaminados para una economía circular, y otras disposiciones complementarias establecen cómo deben gestionarse los residuos generados por productos químicos. Muchos de ellos son considerados peligrosos y deben recogerse, almacenarse y eliminarse siguiendo procedimientos específicos, como el uso de contenedores homologados, etiquetado adecuado y entrega a gestores autorizados. Además, el almacenamiento seguro de estos productos debe realizarse en espacios ventilados, alejados de fuentes de calor y con medidas de contención para evitar vertidos accidentales.

Finalmente, las buenas prácticas ambientales consisten en aplicar criterios de sostenibilidad al uso de productos, priorizando aquellos con etiquetado ecológico, minimizando cantidades utilizadas y planificando tareas de limpieza que reduzcan el impacto ambiental. Estas prácticas contribuyen al cumplimiento normativo, mejoran la seguridad del entorno y refuerzan el compromiso profesional con la salud, la legalidad y la protección del entorno.

Glosario

Agente químico

Sustancia o mezcla que puede presentar un riesgo para la salud o la seguridad de los trabajadores si no se manipula adecuadamente.

Biocida

Producto destinado a destruir, repeler o controlar organismos nocivos. Incluye desinfectantes, insecticidas y productos para control de plagas. Regulados por el Reglamento (UE) 528/2012.

CLP

Reglamento (CE) n.º 1272/2008 sobre clasificación, etiquetado y envasado de sustancias y mezclas peligrosas. Establece pictogramas, frases H/P y criterios de etiquetado.

EPI (Equipo de Protección Individual)

Conjunto de elementos (guantes, gafas, mascarillas, etc.) que protegen al trabajador frente a riesgos específicos durante la manipulación de productos peligrosos.

Ficha de Datos de Seguridad (FDS)

Documento técnico que proporciona información detallada sobre los riesgos, el uso seguro y la eliminación de un producto químico.

Frases H

Indicaciones de peligro que describen los efectos físicos, sobre la salud o el medio ambiente de una sustancia o mezcla (por ejemplo, H314: Provoca quemaduras graves).

Frases P

Consejos de prudencia que indican medidas preventivas y de actuación ante exposición a productos peligrosos (por ejemplo, P280: Usar guantes de protección).

Gestor autorizado de residuos

Empresa o entidad que cuenta con la autorización legal para recoger, transportar, tratar y eliminar residuos peligrosos.

Ley 31/1995

Ley de Prevención de Riesgos Laborales en España. Establece los derechos de los trabajadores y las obligaciones del empresario en materia de seguridad y salud.

Pictograma de peligro

Símbolo gráfico normalizado que alerta visualmente sobre el tipo de riesgo que representa un producto químico (tóxico, corrosivo, inflamable, etc.).

REACH

Reglamento (CE) n.º 1907/2006 sobre el registro, evaluación, autorización y restricción de sustancias químicas. Obliga a los fabricantes a demostrar que sus productos pueden utilizarse de forma segura.

Residuos peligrosos

Aquellos que presentan características nocivas para la salud o el medio ambiente y requieren un tratamiento especial. Incluyen envases contaminados, restos de productos y trapos usados.

Valor límite de exposición

Concentración máxima de un agente químico en el aire que puede inhalarse sin efectos adversos significativos sobre la salud, según recomendaciones del INSST.

Ejercicios de autoevaluación

1. **¿Qué reglamento europeo regula el registro, evaluación y autorización de sustancias químicas?**

    a. Reglamento CLP (1272/2008).
    b. Reglamento REACH (1907/2006).
    c. Reglamento Biocidas (528/2012).
    d. Directiva Marco del Agua.

2. **¿Cuál es el objetivo principal del Reglamento CLP?**

    a. Gestionar los residuos peligrosos.
    b. Autorizar el uso de productos ecológicos.
    c. Clasificar, etiquetar y envasar productos químicos peligrosos.
    d. Controlar emisiones industriales.

3. **¿Qué debe contener siempre la etiqueta de un producto químico?**

    a. Pictogramas, frases H y P, palabra de advertencia y datos del proveedor.
    b. Fecha de caducidad.
    c. Solo el nombre comercial.
    d. Código de barras y lote.

4. **¿Qué pictograma representa un producto corrosivo?**

    a. Una calavera.
    b. Un signo de exclamación.
    c. Una probeta vertiendo líquido sobre una superficie y una mano.
    d. Un pez muerto.

5. ¿Qué ley española establece las bases de la prevención de riesgos laborales?

a. Ley 8/2010.

b. Real Decreto 374/2001.

c. Ley 31/1995.

d. Real Decreto 363/1995.

6. ¿Qué documento debe acompañar obligatoriamente a un producto peligroso y ampliará la información del etiquetado?

a. Manual técnico del proveedor.

b. Registro de uso.

c. Lista de ingredientes.

d. Ficha de Datos de Seguridad (FDS).

7. ¿Cuál de los siguientes residuos debe tratarse como peligroso?

a. Agua limpia de fregado.

b. Envases de papel.

c. Envases con restos de desinfectante.

d. Trapos limpios.

8. ¿Qué frase P corresponde a una medida de prudencia?

a. P102: Mantener fuera del alcance de los niños.

b. P280: Usar guantes y protección ocular.

c. H314: Provoca quemaduras graves.

d. H302: Nocivo por ingestión.

9. ¿Qué normativa regula el uso y comercialización de productos desinfectantes e insecticidas?

a. Reglamento (UE) 528/2012 sobre biocidas.

b. Reglamento REACH.

c. Real Decreto 374/2001.

d. Ley 22/2011.

10.¿Qué tipo de productos incluye el reglamento de biocidas?

a. Productos fertilizantes.

b. Productos de uso alimentario.

c. Pinturas al agua.

d. Insecticidas, desinfectantes y raticidas.

Aplicaciones prácticas

Aplicación práctica 1. Selección de medios adecuados

U. A. 1. Mantenimiento básico en instalaciones de todo tipo

Eres responsable del mantenimiento general de un edificio de oficinas. Se te presentan los siguientes escenarios, y debes decidir qué elementos de protección, equipos, herramientas o máquinas utilizarías en cada uno para garantizar un trabajo eficaz y seguro, minimizando riesgos e impactos.

- En la entrada principal, el mármol está sucio y presenta marcas de pisadas. Quieren recuperarlo sin cambiar el pavimento.
- En una zona exterior, hay una acumulación de barro sobre baldosas rugosas tras una tormenta.
- Se detecta humedad en el almacén de productos de limpieza y se van a mover estanterías de metal para revisar las juntas.
- Se va a sustituir una cerradura defectuosa en una puerta metálica de acceso restringido.
- En un pasillo de tránsito frecuente se va a realizar limpieza húmeda.

Aplicación práctica 2. Procedimientos de uso, conservación y mantenimiento

U. A. 1. Mantenimiento básico en instalaciones de todo tipo

Un operario está realizando la limpieza mecanizada de un almacén. Al terminar, deja la fregadora automática conectada a la red eléctrica, con el depósito de agua sucia lleno. El cable está enrollado de forma tensa alrededor de la estructura del equipo.

Los discos de fregado están visiblemente desgastados, y el registro de mantenimiento no se ha actualizado desde hace una semana.

- Identifica todos los errores cometidos.
- Describe cómo deberían haberse realizado correctamente los procedimientos de uso, conservación y mantenimiento.
- Explica qué riesgos laborales o ambientales podría suponer esta actuación.

Aplicación práctica 3. Uso seguro de productos químicos de limpieza

U. A. 2. Medidas básicas relacionadas de prevención de riesgos laborales y de protección medioambiental

Laura trabaja en el turno de mañana limpiando oficinas. Un día, al comenzar su jornada, encuentra en el cuarto de limpieza dos garrafas sin etiquetar, con restos de líquido en su interior. También observa que hay varios productos almacenados juntos, algunos inflamables, otros ácidos y uno con el pictograma de "corrosivo".

En el carro de limpieza hay un pulverizador con mezcla ya preparada, pero no sabe de qué producto se trata. Uno de sus compañeros le sugiere que, para desinfectar con más rapidez, mezcle amoniaco con lejía en el cubo de fregar.

- ¿Qué errores identificas en la situación descrita?
- ¿Qué riesgos implicaría seguir el consejo del compañero?
- ¿Qué medidas preventivas deberían adoptarse ante esta situación?

Aplicación práctica 4. Equipos de protección individual (EPI)

U. A. 2. Medidas básicas relacionadas de prevención de riesgos laborales y de protección medioambiental

Marta se encarga del mantenimiento de limpieza en una zona de vestuarios y baños de un gimnasio. Entre sus tareas habituales está la aplicación de desinfectantes pulverizados, recogida de residuos y limpieza de suelos mojados. Ese día, al no encontrar sus guantes habituales, usa unos de jardinería que lleva en su taquilla. Tampoco lleva gafas ni mascarilla, ya que considera que "no ha tenido nunca problemas". Mientras aplica el producto en la cabina de ducha, sin ventilación adecuada, comienza a toser y a notar escozor en los ojos.

A partir de la situación descrita, rellena la siguiente tabla relacionando cada uno de los errores cometidos con la medida correctora o buena práctica que habría evitado el riesgo:

Error detectado	Medida correctora o buena práctica
Uso de guantes no específicos para limpieza	
Ausencia de protección ocular y respiratoria	
Aplicación de producto en zona mal ventilada	
Subestimación del riesgo al considerar que "nunca ha tenido problemas"	

Aplicación práctica 5. Normativa aplicable a productos de limpieza

U. A. 3. Normativa aplicable para utilizar estos productos

Ana trabaja en el equipo de mantenimiento de un edificio administrativo. Un técnico le informa de que se ha producido una fuga de líquido en la sala de climatización, que ha dejado el suelo muy sucio. Se le solicita actuar de forma inmediata para evitar resbalones y problemas técnicos. Ana se dirige al almacén para escoger el producto adecuado y el material necesario.

Allí encuentra varios productos de limpieza y desinfección, todos con sus respectivas etiquetas y FDS. Uno de ellos, el "Limpiador Industrial MAX10", presenta en su envase los siguientes datos:

- Pictograma de corrosivo.
- Frase H314: "Provoca quemaduras graves en la piel y lesiones oculares graves."
- Frase P280: "Utilizar guantes, protección ocular y ropa de protección."
- Indica en la FDS que no debe mezclarse con productos que contengan amoníaco.
- En la sección de almacenamiento de la FDS se especifica: "Conservar entre 5 °C y 30 °C, alejado de fuentes de calor y de productos ácidos."

Ana recuerda que en el armario hay un producto ambientador de base amoniacal, y nota que el almacén está algo caldeado por la cercanía de un sistema de caldera. Además, observa que hay envases sucios y abiertos, algunos sin etiquetar.

Contesta de forma razonada a las siguientes cuestiones, aplicando los contenidos vistos en la unidad:

- ¿Qué normativa regula el etiquetado del producto Limpiador Industrial MAX10? ¿Qué indica el pictograma y la frase H314?

- ¿Qué medidas debe tomar Ana antes de utilizar el producto? Ten en cuenta tanto la información de la etiqueta como de la FDS.
- ¿Qué riesgos supone almacenar el producto en esas condiciones?
- ¿Qué debería hacerse con los envases sucios, sin tapar y sin etiqueta? ¿Por qué?
- ¿Qué buena práctica medioambiental se está incumpliendo en este caso y cómo podría corregirse?

Ejercicio de evaluación final

1. ¿Qué función tienen las cantoneras en instalaciones?

    a. Mejorar la estética de las esquinas.

    b. Aumentar el aislamiento térmico.

    c. Proteger las esquinas contra impactos y roces.

    d. Facilitar el drenaje del suelo.

2. ¿Qué categoría de EPI corresponde a riesgos graves o irreversibles?

    a. Categoría I.

    b. Categoría intermedia.

    c. Categoría III.

    d. Categoría B.

3. ¿Qué útil manual se utiliza para fregar grandes superficies planas?

    a. Mopa.

    b. Bayeta.

    c. Cepillo de mano.

    d. Escobilla.

4. ¿Cuál es una parte esencial de una fregadora automática?

    a. Lanza de vapor.

    b. Sensor de proximidad.

    c. Depósito de agua sucia.

    d. Cinta antideslizante.

5. ¿Qué tipo de producto elimina microorganismos patógenos, pero no limpia la suciedad visible?

    a. Detergente.

    b. Desengrasante.

    c. Desinfectante.

    d. Amoniaco diluido.

6. ¿Qué tipo de residuos debe ser retirado por un gestor autorizado?

    a. Papel y cartón.

    b. Bayetas de uso común.

    c. Filtros contaminados con productos químicos.

    d. Restos de comida.

7. ¿Qué principio activo es común en geles insecticidas para cucarachas?

    a. Ácido cítrico.

    b. Bicarbonato.

    c. Piretroides.

    d. Peróxido de hidrógeno.

8. ¿Qué tipo de equipo permite lavar y aspirar suelos en una sola pasada?

    a. Rotativa.

    b. Fregadora automática.

    c. Lijadora.

    d. Hidrolimpiadora.

9. ¿Cuál de los siguientes no es un método químico?

    a. Aplicación de amonios cuaternarios.

    b. Uso de trampas mecánicas.

    c. Fumigación con insecticida.

    d. Gel rodenticida.

10. ¿Qué tipo de EPI se recomienda para manipular productos químicos líquidos?

    a. Gafas de sol y mascarilla de tela.

    b. Guantes de nitrilo y gafas cerradas.

    c. Zapatos deportivos y bata de algodón.

    d. Chaleco reflectante y tapones auditivos.

11. ¿Qué debe hacerse si se detecta una herramienta defectuosa durante una inspección?

    a. Ignorarla y seguir usándola.

    b. Prestarla a otro compañero.

    c. Retirarla del uso y notificar la incidencia.

    d. Repararla sin autorización.

12. ¿Cuál es el principal objetivo de las inspecciones periódicas?

    a. Reducir el tiempo de trabajo.

    b. Detectar riesgos antes de que causen accidentes.

    c. Incrementar el consumo de productos.

    d. Cambiar los protocolos de limpieza.

13.¿Qué se debe hacer al notar un derrame de producto químico?

a. Pasar por encima con cuidado.

b. Señalizar la zona y limpiarla de inmediato.

c. Mezclar con agua caliente.

d. Usar una fregona seca sin guantes.

14.¿Qué debe hacerse tras aplicar un producto corrosivo?

a. Retirar el EPI sin limpieza previa.

b. Guardar el producto sin cerrar.

c. Ventilar adecuadamente la zona.

d. Pasar una mopa seca para eliminar restos.

15.¿Qué caracteriza a una cultura preventiva eficaz?

a. Solo los responsables se ocupan de la seguridad.

b. La empresa evita cualquier comunicación.

c. Todos los trabajadores participan activamente.

d. Se aplica únicamente en casos graves.

16.¿Qué se debe revisar antes de usar un equipo de protección individual?

a. Que sea del color adecuado.

b. Que tenga etiquetas decorativas.

c. Que combine con el uniforme.

d. Que no esté roto, sucio ni caducado.

17.¿Qué debe contener un parte de incidencias?

a. Fecha, descripción del problema y responsables.

b. Solo una firma.

c. Información económica.

d. Nombre del cliente.

18.¿Cuál de los siguientes es un riesgo biológico?

a. Caída por escalera.

b. Contacto con residuos sanitarios.

c. Golpe con una puerta.

d. Atrapamiento de dedos.

19.¿Qué acción preventiva es específica del uso de productos pulverizados?

a. Mantener puertas cerradas.

b. Usar calzado de seguridad.

c. Proteger ojos y vías respiratorias.

d. Aplicarlos en superficies rugosas.

20.¿Cuál es la acción correcta tras un corte leve en el trabajo?

a. Ignorarlo si no sangra.

b. Limpiarlo con amoníaco.

c. Lavar, desinfectar y cubrir con apósito.

d. Esperar a terminar la jornada.

21.¿Qué información se encuentra en la sección 8 de una FDS?

a. Composición química.

b. Datos del proveedor.

c. Control de exposición y equipos de protección individual.

d. Medidas de primeros auxilios.

22.¿Qué organismo publica los valores límite de exposición profesional para agentes químicos?

a. Ministerio de Sanidad.

b. Agencia Europea de Sustancias Químicas.

c. OMS.

d. Instituto Nacional de Seguridad y Salud en el Trabajo (INSST).

23.¿Qué medida de almacenamiento es adecuada para productos químicos?

a. Ubicarlos en un recinto ventilado y restringido al personal autorizado.

b. Guardarlos al aire libre.

c. Almacenarlos cerca de fuentes de calor.

d. Mezclarlos para ahorrar espacio.

24.¿Qué código LER corresponde a envases contaminados con productos peligrosos?

a. 20 03 01.

b. 15 01 10.

c. 16 02 14.

d. 18 01 04.

25.¿Qué tipo de formación deben recibir los trabajadores que manipulan productos químicos?

a. Solo prácticas sin teoría.

b. Ninguna si llevan guantes.

c. Información sobre peligros y formación en uso seguro.

d. Solo formación ambiental.

26.¿Qué consecuencias puede tener el incumplimiento de la normativa de prevención de riesgos?

    a. Pérdida de productividad únicamente.

    b. Solo una advertencia verbal.

    c. Ninguna si no hay accidente.

    d. Sanciones administrativas y responsabilidades legales.

27.¿Qué buena práctica contribuye a la sostenibilidad en la limpieza?

    a. Usar productos sin etiqueta.

    b. Tirar restos por el desagüe.

    c. Usar solo la cantidad necesaria y productos con etiqueta ecológica.

    d. Mezclar productos para potenciar su efecto.

28.¿Qué debe hacerse ante un derrame accidental de un producto químico?

    a. Ignorarlo si es poco.

    b. Controlarlo con material absorbente y seguir el protocolo.

    c. Taparlo con papel.

    d. Llamar a los bomberos directamente.

29.¿Qué función tienen las frases H en el etiquetado?

    a. Indicar medidas de seguridad.

    b. Mostrar la composición.

    c. Describir los peligros específicos del producto.

    d. Detallar el modo de empleo.

30.¿Qué práctica está prohibida según la normativa ambiental?

    a. Recoger residuos en bolsas identificadas.

    b. Separar residuos peligrosos de los urbanos.

    c. Verter productos químicos al alcantarillado.

    d. Etiquetar los envases contaminados.

Solucionario

U. A. 1. Mantenimiento básico en instalaciones de todo tipo

1. c		**6.** c	
2. c		**7.** b	
3. b		**8.** c	
4. a		**9.** c	
5. d		**10.** b	

U. A. 2. Medidas básicas relacionadas de prevención de riesgos laborales y de protección medioambiental

1. b		**6.** a	
2. b		**7.** b	
3. c		**8.** d	
4. c		**9.** c	
5. b		**10.** b	

U. A. 3. Normativa aplicable para utilizar estos productos

1. b		**6.** d	
2. c		**7.** c	
3. a		**8.** b	
4. c		**9.** a	
5. c		**10.** d	

Bibliografía

Legislación

Ley 11/1997, sobre envases y residuos de envases.

Ley 31/1995, de Prevención de Riesgos Laborales.

Ley 7/2022, de 8 de abril, de residuos y suelos contaminados para una economía circular.

Ley 8/2010, de sanciones en materia de productos químicos peligrosos.

Real Decreto 255/2003, por el que se aprueba el Reglamento sobre clasificación, envasado y etiquetado de preparados peligrosos y fichas de datos de seguridad.

Real Decreto 363/1995, por el que se aprueba el Reglamento sobre notificación, clasificación y envasado de sustancias peligrosas.

Real Decreto 374/2001, sobre protección de la salud y seguridad de los trabajadores contra los riesgos relacionados con agentes químicos.

Real Decreto 553/2020, sobre traslado de residuos.

Reglamento (CE) nº 1272/2008 (CLP), relativo a la clasificación, etiquetado y envasado de sustancias y mezclas.

Reglamento (CE) nº 1907/2006 (REACH), sobre registro, evaluación, autorización y restricción de sustancias químicas.

Reglamento (UE) nº 528/2012 (Biocidas), sobre comercialización y uso de productos biocidas.

Bibliografía

Real Decreto 656/2017, por el que se aprueba el Reglamento de Almacenamiento de Productos Químicos (RAPQ).

Webgrafía

Cómo prevenir accidentes laborales en una empresa de limpieza

https://veepsa.com/seguridad-y-salud-en-trabajos-de-limpieza/

Desinfección, desinsectación y desratización

https://agronerga.com/agro/desinfeccion-desinsectacion-desratizacion/

Desinsectación, desratización y desinfección

https://clyma.com/desinsectacion-desratizacion-y-desinfeccion/

Guía completa sobre la limpieza industrial

https://www.ilunion.com/es/blog-puntoilunion/limpieza-industrial

Limpieza biológica y desinfección: una combinación muy lógica

https://www.oxypharm.net/es/limpieza-biologica-y-desinfeccion-una-combinacion-muy-logica/

Limpieza de mantenimiento: intervenciones periódicas de limpieza para tus instalaciones

https://grupoakua.es/blog/limpieza-de-mantenimiento-intervenciones-periodicas/

Mantenimiento de instalaciones

https://www.emaint.com/es/blog-what-is-facility-maintenance-management-types-strategies/

Maquinaria para las tareas de limpieza

https://www.revistalimpiezas.es/especiales/maquinaria/maquinaria-para-las-tareas-de-limpieza_20110615.html

Medidas de Seguridad y Prevención en el Sector de la Limpieza

https://mabraser.com/medidas-de-seguridad-y-prevencion-en-el-sector-de-la-limpieza/

Principales riesgos en las tareas de limpieza de edificios y cómo prevenirlas

https://www.cobas.es/principales-riesgos-en-las-tareas-de-limpieza-de-edificios-y-como-prevenirlas/

¿Qué tipos de maquinaria de limpieza existen?

https://www.limpiezasvirosa.com/que-tipos-de-maquinaria-de-limpieza-existen/

Reglamento CLP

https://www.miteco.gob.es/es/calidad-y-evaluacion-ambiental/temas/productos-quimicos/reglamento-clp.html

Todo sobre el mantenimiento de la maquinaria industrial

https://nortek.es/todo-sobre-el-mantenimiento-de-la-maquinaria-industrial/